# 狼道

王宇◎编著

中国商业出版社

**图书在版编目（CIP）数据**

狼道/王宇编著. -2版. —北京：中国商业出版社，2010.10（2019.11重印）

ISBN 978-7-5044-7078-2

Ⅰ.①狼… Ⅱ.①王… Ⅲ.①成功心理学-通俗读物 Ⅳ.①B848.4-49

中国版本图书馆CIP数据核字（2010）第189744号

责任编辑：张超美

中国商业出版社出版发行

010-63180647 www.c-cbook.com

（100053 北京广安门内报国寺1号）

新华书店经销

三河市宏顺兴印刷有限公司

* * * *

880毫米×1230毫米 32开 6印张 208千字

2010年12月第1版 2019年11月第2版第3次印刷

定价：35.00元

* * * *

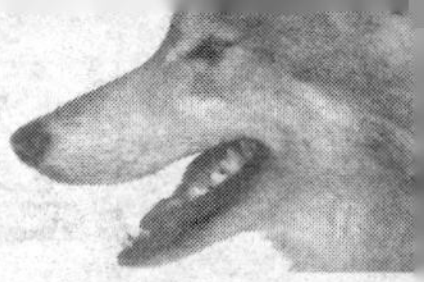

# 前 言

每一种物种都无法逃避伟大自然界的演化，当每一场生命兴衰不可避免地到来时，只有能够适应变化的，才有留存的权利。

在自然界的残酷竞争中，在众多狂野生灵之中，有一支从远古时期存在至今的强大种族——狼族。为了逃避敌人和追捕猎物，狼可以忍受酷热、寒冷、阴湿、缺水少食等各种恶劣环境。物竞天择，适者生存，它们凭借着坚韧、顽强、忠诚、合作、牺牲等最优秀的个体素质，成为最有生命力的种群，成为位居食物链顶端傲视草原的伟大种族。它们是这片土地上最具优势的动物，是整个大草原的统治者。狼也是草原的保护神。

狼性坚韧，它们有着不达目的誓不罢休的精神。它们不会在弱小时攻击比自己强大的动物，它们会等待时机，一旦时机成熟便跃然而起，直到达到自己的目的。

狼有着铁一般的纪律。在狼的词典里，从来就没有背叛二字。狼行成双，不离不弃，点滴之恩，往往以性命相报，即使被捕，也宁死不屈。一只狼的脖子在淌血，但它仍旧一点声音也没出。直到羊群完全进入狼群的攻击。

狼的团队可谓无坚不摧。一只狼捕捉一只黄羊有点困难，但是几十只狼团结在一起却可以成功围猎数百乃至上千只的黄羊。在头狼的指挥下，狼群几乎攻无不克，战无不胜。

狼有危机意识，即便是饥肠辘辘，狼也会把一部分围猎到的食物储存起来，以备做更艰苦时期的救命粮。

本书从狼性坚韧、狼性无畏、狼性忍耐、狼性纪律、狼性沟通、狼性多变、狼性追求、狼性专注、狼性团队等多个角度，有深度有力度地展示了狼道智慧。

狼道是个人成长、组织管理、企业经营都要用到的强者法则。狼道也是追求卓越的野心，舍我其谁的自信，合作双赢的胸怀，披肝沥胆的忠诚，蓄势待发的韬略，貌似凶残的博爱，更是不言失败的执着。一个人的成长和发展需要狼性，敏锐的眼光、勇猛的作风、创造机会的能力、坚韧的性格、改变环境的能力、应变的技巧、肯吃苦、重节义，这些也都是成功人士所需要拥有的优秀品质。从《狼道》中找到你最需要的精神力量，必将无往不胜，开拓属于自己的辉煌事业。

狼性团队坚不可摧，群狼默契配合，齐心协力，勇敢拼搏，合力奋战，无往不胜。狼的忠诚、交流、合作、坚韧是一个团队必须学习的精神。著名管理学家查尔斯说：“狼是一种野性的、有冲刺性的勇敢动物，它们的团队精神是世人取得成功的最关键因素。”一个团队的强大也需要狼性，宏大的目标、严格的纪律、对于团队的忠诚、征服世界的战斗性格和勇气，这些都是优秀团队不可缺少的特点。海内外知名企业华为，也是“狼文化”的代称。“狼文化”，铸就了其灵魂和精神脊梁，赋予了华为“狼”的特征，塑造了华为人“狼”的精神与行动。“狼文化”所营造的精神氛围和文化环境，促使华为爆发了强大的创造力和生产力。所以，企业的竞争更需要狼性，狼性是一个现代企业所必需的。

本书结合个人及企业，对狼道做出了形象而又深刻的描述，从而揭示出战胜困境的强者法则，走向卓越的成功之道，可谓一部深刻、生动、新颖的狼道智慧宣言书！

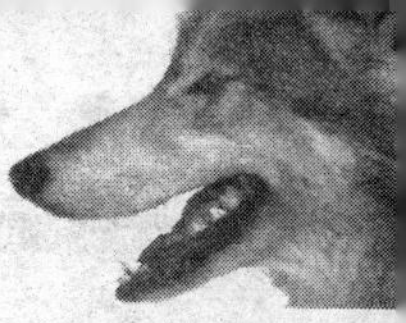

# 目 录

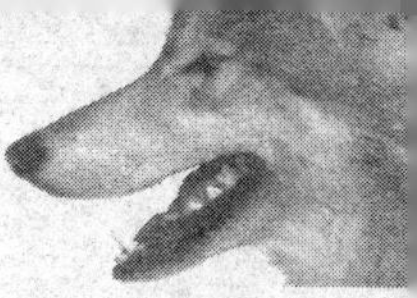

# 第一章 狼性精神

在动物界最基本的自然规律就是弱肉强食，而能够突出表现这一点的就是狼性。不仅仅是因为它懂得进攻，更重要的是它懂得退却。它还有坚韧、无畏、忍耐的精神。它永远都在打造着自己，让自己在自然界中变得更加“完美”。

不可否认，狼在绝大多数的时候是孤独、荒凉，更是寂寞的，因为它在自然界中不可能会有朋友，它更不屑于和别的动物做朋友。但这并不妨碍它取得成功，因为它那瞬间激情的爆发，将自己永远地定格在不败之地。

# 狼性坚韧

狼的自述：

在自然界中的王者都会有一种坚韧，但我们的坚韧绝对是非比寻常的。这和伟大没有任何关系，坚韧并不代表伟大，生存才是自然界中伟大者最好的驻足。这就是我们狼族的伟大性格。

人类有句最富哲理的话：“上帝对每个人都是公平的”，这句话在大自然中也是适用的。没有一种动物比狼更让人类痛恨了，于是，在强大的人类面前，狼只有东躲西藏的份。而正是人类对狼不断的杀戮，造就了狼强大的适应能力。

它们能适应复杂艰苦的环境，善于长途奔袭，南征北战，能忍饥挨饿。无论是酷暑严寒，还是穷山恶水，它们都可以忍受生存着。因此在茂密的森林、广阔的平原、陡峭的高山、起伏的丘陵以及一望无际的荒漠都能够看到它们的踪迹。

狼像其他动物一样，在正确地运用着自然界给它的权利。它不会因为强大的威胁而让出属于自己的东西。它们遵循着“物竞天择，适者生存”的自然法则，在到处都充斥着血腥和弱肉强食的世界里，它们从来都没有退缩过，更不会因为自然界的残酷而消失于茫茫大森林和大草原之中。

这些，都源自于狼性的坚韧。

森林是一个区别于人类的世界，在这个特殊的世界里，狼获得了空前的尊重。狮子、老虎和豹子，它们的体格强壮，动作迅猛，食量也非常大。对于草原上那些体格较小的肉食动物（如狼）来说，这些凶猛的大家伙，无疑是它们肉食竞争中的强势对手。

从平常的意义上来说，狼根本就不是它们的对手。但是，狼并没有在和它们的竞争中处于劣势，相反，它们还每每有惊人之举。

作为狼，在这个弱肉强食的动物世界里，为了延续自己的生命，在种种恶劣的环境下，它们自始至终都没有放弃自己的目标，即使是自己生命的最后一刻，它们也不会轻易认输。

这就是狼的生存法则之一：给自己留够活下来的精神。

春秋战国时代的项羽自刎乌江而不肯渡之江东，怕愧对江东父老，

殊不知，他却也因此错过了卷土重来的机会，后人也常引以为恨事。

项羽是英雄，但他却没有狼的精神，没有狼性的坚韧。他这样一死了之，是不足以成大事的。只有在失败中寻找失败的原因，引以为鉴，才是生存之道，才能真正为自己而活。

由此可以看出，项羽不是绝对意义上的成功者。而在过了数百年之后，天下大乱，英雄辈出。这时候出了一个绝对的坚韧者，他就是刘备。

三国故事人皆能详，刘备给人的第一印象就是喜欢“哭”。其实，这只是表面的现象，刘备的失败次数之多，数不胜数。他虽有勇武过人的两位结义兄弟，但是太薄的家底造就了他不可能很快就会成功。于是，他到处投奔，一度是三国时期最为狼狈的人物。直到他迎来自己的军师，才开始慢慢“定居”下来。假如刘备如项羽一样，不肯过江东，那么恐怕中国的历史都需要重新来写。

刘备所依仗的就是坚韧，刘备的坚韧得到了大多数英雄的认同，曹操就说“天下英雄，唯始君与操耳”。刘备的坚韧是建立在智慧的基础上的。为了目的，他可以不顾一切，最终，三国分汉，有了刘备的一份。

其实，三国英雄中，很多人都是坚韧的代表者，刘备的坚韧造就了他万世的英名。在这个时期其实还有和他不相伯仲的，这就是曹操。

曹操的家底比起刘备来当然会厚实一些，但却难以比得上孙权。为什么曹操能取得整个三国时期最大的成功呢？靠的依然是坚韧。

三国时期的曹操，其实也是在屡战屡败中度过的，他的每一次败仗都为他接下来的胜利打下了坚实的基础，曹操就是在这样的军事环境中磨炼成为一个军事家的。

无论是想在事业上取得胜利，还是想攀登人生的高峰，没有像狼一样坚忍不拔、百折不挠的意志是不会取得最后胜利的。但是，也不是说只要具备了这些条件就肯定能取得成功，还应该具备狼一样勇于生存于逆境的精神。

对于一个有志之人，逆境、困难、艰苦，正是磨炼自己的好时机，所谓“艰难困苦，玉汝于成”。孟子曰：“天将降大任于斯人也，必先苦其心志，劳其筋骨，饿其体肤，空乏其身，行拂乱其所为，所以动心忍性，增益其所不能。”历史上一切身处逆境而终有成就的人，无不经过这样的艰苦磨炼。

在20世纪80年代，张海迪作为坚韧者的故事，在神州大地上广泛传扬。这位三分之二躯体失去知觉也不向命运屈服的姑娘，即使跌倒一百次也要一百零一次地爬起来的勇士，这位以缩短自己的生命来延续他人生命的时代楷模，感动了整个社会。

张海迪从 5 岁起就高位截瘫了，胸部以下失去了知觉。但她并没有放弃，更没有让生命失去应有的意义。几十年来，她学医救人、写小说、画油画、拍电视、唱歌、读硕士……一系列平常人根本无法做到的事情，张海迪做到了。聪慧的头脑，灿烂的笑容，坚韧与激情——正是张海迪不甘心命运的摆布，在逆境中崛起的精神，深深地打动了一代又一代的青年，并且还成为他们战胜逆境的激励力量。

张海迪在自己的人生道路上所遇到的升学、就业、理想、前途等困难和矛盾，正是很多青年人正在现实当中面临着的。因此张海迪作为偶像有着巨大的社会意义，她鼓舞了整整几代中国青年去努力、去奋斗、去战胜困境。

或许，一个年代的坚韧不足以改变整个人类的生活，在娱乐明星充斥的今天，张海迪已被大部分年轻人遗忘。但张海迪的精神无疑是具有永恒的启示作用和榜样价值的，因为她探索了人类反抗困苦命运所能达到的限度。假如说苦难是人类面临的永恒主题，那么张海迪精神所代表的就是人类在陷入困境的时候非常有力的自我救赎之道。

雨果有句名言："痛苦能够孕育灵魂和精神的力量，灾难是傲骨的乳娘，祸患则是人杰的乳汁。"比起那些真正的坚韧者，一些人的举动就会显得十分令人费解。广西宾阳县一名高考女生因不堪高考前的各种压力，竟产生轻生念头割脉自杀，幸被及时发现，虽经紧急抢救脱离生命危险，但她仍然留下了左手手掌和手指可能导致萎缩的后遗症。最重要的是，在她以后的人生生命中，永远都会有这样的一个症结影响着她……这样的事，在今天看来，竟十分的普遍。

每当我们开始做一件事情的时候，总是可能面对失败的打击。如果害怕失败，那你将一事无成。家长们常说："孩子只要能立就能走，能走就能跑。"每个家长都懂得孩子不摔跤是学不会走和跑的。而当他们看到自己的孩子在跌倒中学会走路时，心情是非常激动的。事实上，所有的人都是这样长大的。

生活是如此，工作也是同样。只有在失败中，我们才能真正学到本领。如果你想长大成人，想夺得第一，就应该记住，"在失败中崛起"。

英国小说家、剧作家柯鲁德·史密斯曾经这样说："对于我们来说，最大的荣幸就是每个人都失败过。而且每当我们跌倒时都能爬起来。"

不管什么样的失败，只要你能在跌倒之后又爬起来，跌倒的教训就会成为有益的经验，帮助你取得未来的成功。在失败的废墟中崛起不仅只有成功的摩天大厦，还应该具有失败的意志家园。这才是狼的生存法则的真实体现。

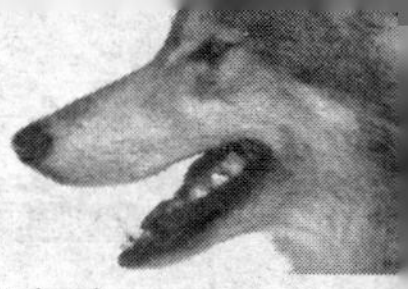

因此，只有学会在逆境中生存，我们的才华才不至于被消磨，反而会更加耀眼，正像巴尔扎克所说的："挫折就像一块石头，对于弱者来说是绊脚石，对于强者来说却是一块垫脚石。"

## 坚韧是一种精神

许多年以前，有一群狼，巡回在辽阔的内蒙古草原上，它们每天都过着游牧的生活，它由圣洁的腾格里领导，它是草原上的霸主，也是草原的儿子，草原的繁荣，草原的生命都是靠它们的鲜血换来的，所以人人都非常崇拜狼，欣赏狼的坚韧、狼的团结、狼的忍耐力。狼是人类学习的榜样，在狼的身上可以学到世界上最成功的军事方法，学到适应社会生存的法则。一个眼神，一个嗥叫，让具有狼血的人们振奋不已，我们需要狼的精神，需要狼的坚韧……

美国人向来做事都非常急躁，这一民族习惯深受世界公认。追根到底、不达目的绝不罢休的精神，是社会发展巨大的动力源泉。然而，这种凡事求快的个性也是一项缺点，使其变成全世界最没有耐心的人。战争时期，我们经常发现缺乏耐心是士兵们致命的弱点。他们不能沉着应战，经常无所顾忌地暴露在敌人的炮火之中。

富兰克林说过一句话："有耐心的人，无往而不利。"耐心是需要有一定的勇气，对理想和目标要全身心地投入，需要一种不屈不挠、坚持到底的精神。这里所谓耐心是动态而不是静态的，主动而不是被动的，是一种主导命运的积极力量。这种力量在我们的内心源源不尽，但必须严密地控制和引导，以一种不可思议的执着，投入到既定的目标中，才具有人生价值。

唯有一种坚韧不拔的精神才能战胜所有的困难。一个有决心之人，每一个人都会相信他；一个有决心之人，到处都会获得别人的帮助。相反，那些做事三心二意、缺乏韧性和毅力的人，没有人愿意信任和支持他，这是因为大家都知道他做事不可靠，随时都会面临失败的危险。

许多人努力到最后却没有达到成功，不是因为他们的能力差、诚心不足或者没有对成功的渴望，而是因为他们缺乏足够的耐心。这种人做事时往往虎头蛇尾、有始无终，做起事来也是东拼西凑、草草了事。他们总是对自己目前的行为产生怀疑，永远都活在犹豫不决之中。有时候，他们看准了一项事业，但刚做到一半又觉得还是另一个职业更适合自己。他们时而信心百倍，时而又低落沮丧。这种人也许可能短时间取得一些成就，但是从长远的人生来看，到最后依然是一个失败者。在这个世界上，没有一个遇事迟疑不决、优柔寡断的人能够取得真正的成功。

成功有两个最重要条件：第一是坚定，第二是忍耐。一般情况下，人们往往会相信那些意志坚定的人。意志坚定的人当然也会遇到一些艰难险阻，碰到障碍和挫折，但即使他失败了，也不会一败涂地、一蹶不振。我们经常听到别人问这样的话："那个人还在奋斗吗？"也就是说"那个人对前途还是那样坚定吗？"

要想获得成功，必须要具有一种永不屈服、百折不回的精神。许多青年人的失败都可以归咎于恒心的缺乏。的确，现代大部分的年轻人颇有才识，具备成就事业的种种能力，但他们的致命弱点是缺乏恒心、没有忍耐力，所以，终其一生，只能从事一些平庸的工作。他们往往一遭遇微不足道的困难与阻力，就立刻退缩，裹足不前，这样的人怎么可以担当重任呢？如果你想获得成功，就必须为自己赢得美誉，让周围的人都知道，如果一件事到了你的手里，就一定可以做成的。

当你树立了意志坚定、富有忍耐力、头脑机智、做事敏捷的良好名声后，不管是在何方，你都能找到一个适合自己的好职位。与之相反，如果你自己都看不起自己，只知糊里糊涂地生活，一味依赖别人，那么你迟早会被人踢到一边。

当你相信运气会降临到你的身上时，你就会朝着那个方向为之努力，直到好事出现。即使是暂时遇到了挫折，你也能继续努力，因为你清醒的知道，只要不放弃，好事就在前头。说到底，用放弃来解决暂时的问题，很显然是弱者的一了百了。

选择成功的准则，也就是选择了坚韧。坚韧的意思就是你将要站得更高，并且必须要有坚定的毅力。即使当你的心里和身体都以正当的理由让你放弃，那么你仍要努力的坚持。

坚韧就是一个战士要面对一场惨烈的战争。它是一种精神，这种坚韧是非常明显的。在我们的周围每日都能见到它。其实坚韧就是一个癌症病人在和病魔作斗争；就是一个单亲妈妈独自抚养她的小孩长大；就是一个商人失去了所有并且平静地重新开始；就是一个女人既要照顾自己的家庭还要照料她年迈的双亲；就是一个酒鬼准备戒掉不良习惯；就是一个运动员要在轮椅上度过余生。坚韧就是远离你的父母和朋友，去异地他乡探索命运开拓进取。坚韧可以使你抛弃虚假的赞扬，真诚地接纳真实的你和你的家人。坚韧是一种可以在任何情景下，做得最好的能力。坚韧就是一个决定：从哀叹中走出来，依靠自我信任，变得独立而且采取一定的行动。

选择坚韧就是选择一条漫长的道路。生活中你依靠坚韧去做一些大事情：冒险，接受批评，改变坏习惯……那么你也可以依靠坚韧去做一些小事情，例如真诚的交谈，等待时机，忍受失误。自立、自信将决定你的坚韧。然后，你就应该用一颗爱心来伴随着坚韧。

## 坚韧造就卓越

美国前总统柯立芝在其晚年的人生回忆录中曾写过这样一段话：“世界上没有一样东西可以取代顽强和坚韧。才能不可以——怀才不遇者比比皆是，一事无成的天才也是处处可见；教育也不可以——世界上充斥着学而无用，学非所用的人；只有顽强和坚韧，才能无往而不胜。”

这是一个残酷的世界，到处充斥着商业与金钱，物质将我们的精神淹没。然而，我们不能选择自己生活的时代，同样不能逃避真实的存在，我们只有艰难且认真地去适应它。这是我们的宿命。即使我们都不愿意承认，可事实就是这样，我们只是芸芸众生中平凡的一员，我们绝大部分人要过着简单而枯燥的生活。为了生活，不得不去面对那些自己根本就不喜欢的东西，接受我们并不认同的观念。

从某种意义上来讲，我们这些普通人弱小得可怜，甚至有的还不如一只并不被上帝所宠爱的狼。为了生存，为了更好的生存，我们应该向狼群学习。在生活中，在工作中，我们可以失败，甚至可以一而再、再而三地失败，但我们绝对不能丢掉信心，不能丢掉顽强和坚韧的精神。伟大的音乐家贝多芬曾经说：“卓越的人有一大优点：在不利和艰难的遭遇里百折不挠。”诗人但丁也曾经说：“我推崇勇气、坚韧和信心，因为它们一直帮助我，对付我在人世生活中所遭遇的困难。”也许我们算不上卓越的人，但只要有了顽强和坚韧的精神，我们就可以像狼一样勇敢地面对所有的困难和挫折，并且去战胜它。即使我们在世俗意义上并没有取得成功，那也不是我们自身的原因，至少在精神上我们是卓越的。

当你遭遇挫折时，你需要做的就是拥有顽强和坚韧，用信心和毅力支撑着下次的行动。许多人都认为耗费大量的人力、物力去攀登珠穆朗玛峰是非常愚蠢的行为，因为有许多人为此付出了宝贵的生命，即使登上山顶的人也是空手而归，这实在是一件不划算的事情。但在记者采访一位登上珠峰的队员时，他说：“当我登上珠穆朗玛峰后，我才发现，原来我什么也没有征服，征服的只是我自己。”其实，这种行为就是要证明人类的能力，证明人类顽强和坚韧的能力，给人类以鞭策、鼓励，以此来激发人们的勇气。面对困难、失败和打击，我们可以以顽强和坚韧自勉。

“坚强的站起来”不是一件容易的事，有一个卓越的人生更不会是一件容易的事。但我们应该清楚，人生的每一次倒下，都不能算其为倒下，因为你还有生命，只要有生命，你就可以再次站起来。

有一个人，他就是在坚韧中找到了属于自己的卓越。福寿康实业有限公司总经理刘昌勋印证了这样的一句话："世上没有绝望的处境，只有对处境绝望的人。"刘昌勋的创业史很有点九死一生的悲壮。他兄弟俩在同一所中学读书，父母常常因为凑不起学费而唉声叹气。他横下一条心，减轻家里负担，让弟弟一个人上学，于是在中学还没读完的时候便辍学经商，那年他 16 岁。该干什么好呢？他家邻居经营药材，每月几百元的利润。在他们那里，当时是一个叫人眼红的数目。他抱着试一试的心理，买进了 20 元的板蓝根，背到集上去销售，当天全部脱手，赚了 20 元。20 元，在当时对他来说，是一笔大钱。第二天，他将 40 元全投进去，没想到两天之内顺利销出去，又赚了 30 多元。两个月下来，连本带利达到了 500 元之数。但做任何事业都不是一帆风顺的。刘昌勋认为，做人有九死一生，作文有九转金丹，做事往往遭遇九次失败才有一次成功。他叔叔在前线牺牲了，家里得到了 3000 元的抚恤金。他父亲一直把它存在银行里。无论家庭如何艰难，父母依然没有动用它。

两个月的节节胜利，使他由胆怯到胆大。经过反复动员，父亲终于将钱从银行里取出来，交给了他。连本带息，加上他那 500 元，凑成了 4000 元。他一次性买入一批药材，投入市场。一位顾客仔细辨认后，对他说："你小小年纪，却大大狡诈，学会了瞒天过海。"他委屈地申辩，眼泪直掉。这个顾客见他不是老奸巨猾，才告诉他这批药材是榨过汁的，现在只是一堆干柴，没多少药性了。

他顿时傻了。要知道，他的本金大部分都是用叔叔的鲜血换来的。没想到一堆干柴便把它的全部家当骗走了。他的第一个反应是找供货商算账。这个骗子打一枪换一个地方，连续一二个月也没找着。他的第二个反应是，他也把这堆干柴糊弄出手，弄一元算一元。有一位老人与他谈妥了价钱，但在老人数钱的时候，他见老人松树皮一样的手，沟壑一样的满脸皱纹，这么大一把年纪，这笔损失不等于要老人的命吗？他觉得自己还年轻，还有机会重来。于是他点着打火机，把这些干柴全部烧了。

这样的失败当然没有击溃刘昌勋，他总结经验，继续奋斗，终于登上了富豪的排行榜。奋斗者，倒下只是一时的。卓越者，需要自己一生的努力。只要你没有失掉任何一种勇气，敢于拼搏，就一定能在事业上取得相应的成功。

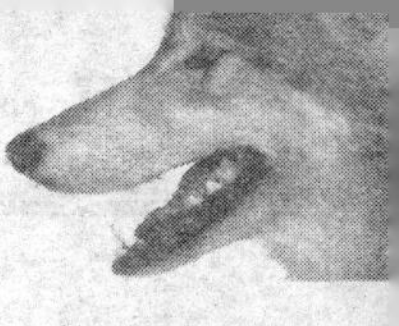

## 成功，就在失败之后

在现实生活中，许多人都处于失败的状态，因为他们不相信成功，其实成功就在失败之后，而狼这种动物始终都相信自己的实力，他们有一种面对困难时的坚强，有一种面对困境时的临危不乱，更有一种不达目的誓不罢休的坚定信心。

著名心理咨询专家保罗·迈耶说过，百分之九十的失败者其实不是被打败，而是自己放弃了成功的希望。

决定一个人的成功与否最关键因素是他怎样看待失败。任何希望成功的人必须找到战胜失败、继续前进的法宝。否则的话失败必然会导致失望，而失望就导致一蹶不振。

亨利·福特说：“失败不过是一个更明智地重新开始的机会。”福特本人当然有过失败的直接体验。他头两次涉足汽车工业时都破产了。第三次他成功了。福特汽车公司现在依然充满着活力，仍然是世界最大汽车生产厂家之一。

另一个有名的“失败”故事的主人公是个青年人。他的梦想是进入美国西点军校，毕业后服务国家。他两次报考均未被录取，第三次报考时终于如愿以偿。这个年轻人是道格拉斯·麦克阿瑟。后来他成为美国最高级将领之一，在第二次世界大战期间担任西南太平洋盟军总司令。就像亨利·福特一样，他在追求梦想之旅的前几站不止一次，而是两次的失败。这也正像福特一样，他没有放弃。

没有人一生从不失败的。这话听起来实在是太简单了，但却是至理名言。不要由于我们曾经的跌倒，就不愿站起来而忘记赶路了，其实到头来只会使自己一无所有；不要因为前方一路风雨，就犹豫徘徊畏缩不前，到头来只会使充满希望的生命之花凋谢枯萎；不要因为往昔的辉煌而忘乎所以，沉湎其中而不能自拔，到头来只会使如火的激情悄然熄灭。因此，在人生的旅途中无论我们遇到什么艰难险阻，拥有什么，失去什么，永远都要记住一点：“不要忘记启程，忘记赶路。”

只有启程，我们才不会浪费每天的宝贵光阴，让生命之树结满更加丰硕的果实；只有启程，我们才会向理想的目标靠近。从而有机会和成功握手；只有启程，我们才会创造崭新的自我，让执着地追求书写无愧的人生。鲜花和掌声从来不会赐予守株待兔者，而只馈赠给那些风雨无阻的前行者；空谈和阔论从来不会让你的梦想成真，到头来只会留下“白了少年头，空悲切”的概叹；只有启程和前行才是到达成功彼岸的唯一路途。只呐喊而不冲锋的不是好士兵，只瞄准而不射击的不是好猎手，躺在摇篮里的婴儿永远不会站立而行，把自己关在黑暗的屋子里永远不会看到外面的世界的光明和精彩！

启程，需要你去辨别方向。不辨别方向的启程无异于盲人骑瞎马，不仅达不到前方的目标，另外还会使你离目标越来越远，更甚者还会迷失方向，南辕北辙，误入歧途。

启程，需要的是你坚强自信。没有坚强自信的启程，在前行的路上会遇到急流险滩，要么是畏缩不前，要么是半途而废。如同险峻的高山挡不住汹涌的波涛，汹涌的波涛也挡不住你前行的孤舟；就像广阔的晴空挡不住突来的风暴，突来的风暴也挡不住你远行的背影。即使世俗的围墙挡住了你万丈的豪情，但绝挡不住你铿锵的步伐；即使厚重的夜幕挡住了满天的星斗，但绝挡不住你心中点燃的一盏灯火；即使岁月的樊篱挡住了你坚强的躯体，然而挡不住的是你渴望的信念。

也许，你航行了终生也没有到达成功的彼岸；也许你攀登了一世，也没有到达巅峰；也许，所有的耕耘都没有收获；也许，所有的汗水都白白地挥洒……但是，敢为天下先的，未必不是勇士；敢于面对失败的，未必不是英雄。人生其实就是一个过程，不必太在乎奋斗的结果，奋斗了就应问心无愧；生命其实就是一次播种，播种了不一定都有结果，但不播种却永远不会有结果。所有的退却都是逃避的借口，所有的徘徊都是懦弱的表现。其实真正的启程，才是坚强的证明和诠释。“不怕慢，就怕站。”只要你能够迈步，那么路就会在你的脚下延伸；只要你能上路，就会发现诱人的风景；只要你能够启程，就一定体会到跋涉中的快乐。

上路，尽可以创造你五彩的年华！启程，尽可以奏响你生命的乐章！

一位名人曾经说过一句话：“一个人最大的资产是希望；最大的破产是绝望；最大的陷阱是满足现状；没有赶上航班，是因为您动身太晚；失去了商机，是因为您犹豫不决；上帝把机会抛来时，对谁都一样的公平；有人捷足先登，有人大溜随从，也有人姗姗来迟，还睡眼惺忪地：“难道这就是机会吗？我怎么就看不出？”于是，先登的，天道酬勤，收获了财富；随从的，惊喜不已，得到意外的满足；只有姗姗来迟者，怨天尤人，措手顿足，时不时会发问：“我怎么就得不到一笔财富？”

轻歌聊聊放松身体启程上路。成功并不像你想象的那么难。

威廉·A. 沃德说：“失败应当成为我们的老师，而不是掘墓人；失败是短时耽误，而不是一败涂地……失败是暂时走了弯路，而不是走进死胡同。”

如果你能这样的面对失败，你就能轻装前进，采取战胜失败的第二个重要步骤。你必须把失败当作是学习的机会。

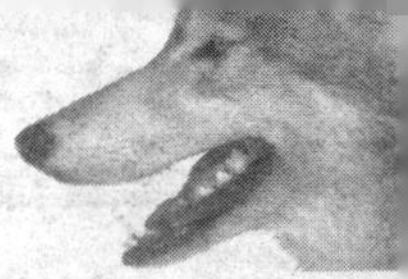

不成功的人浅尝辄止，转而做其他事。他们的座右铭是：“第一次不成功就销毁所有一切努力过的证据。”相反，成功人士在第一次努力失败后能检讨失败，汲取教训，然后再努力做同一件事情。如果有必要，他们甚至重复失败的过程，以便学得更多。这是因为他们坚持到底，他们最终定会成功。

如果下次你失败了，就要找回过去失败的原因，用客观态度分析失败的原因。通过检查原因，改变做法，那么你就能再试一次，只有再次尝试，你才能够聪明起来，更加具备成功的条件。

我们要从失败中学习，最难的是找出并且正视导致失败的个人弱点。这个过程需要有真正坦诚的个性。每当你看清自己的弱点时，你就要试着去努力克服它。

从许多历史人物的生平中可以找到许多例子，纳尔逊勋爵就是其中之一。他是舰队司令，后来成了英国最有名的海军英雄。纳尔逊一生都晕船。但这位曾经摧毁拿破仑舰队的英雄从不让晕船妨碍他的事业。不用说，他逐渐适应了，而且战胜了这个弱点。

我们大多数人也有类似“晕船”的弱点。有些人有体力问题，有些人有心理问题。通常，克服缺点是一场静悄悄地在个人身上进行的战役。我们不会因此获得一枚奖章。但如果我们确实成功了，我们就会明白自己已经坚持到底，而没被自己的缺点打败。这种满足是永不会消退的。

战胜失败的另一个重要环节是调整你的努力以便达到成功。不断地重复错误，显然是不能战胜失败的。然而有些人正是这样做的。他们重复错误，却一心想着会有不同的结果。

下面是美国密苏里州圣路易斯市一位杰出的整形外科医生讲的故事。

他的病人中有个男孩，右手断到手腕处，当医生问到这个男孩伤残的部位时，男孩说：“我没有残，只是右手没了。”

后来，医生得知这位男孩是在中学美式足球队里拿分最多的人。这男孩没有因为他那明显的缺陷而就此放弃了努力，他只是作了一些必要的调整，以便以后达到自己想要的成功。

虽然失败很痛苦，但成功却是甜蜜万分的。成功的那一刻，你就会觉得失败并不可怕，也不过是过眼云烟罢了。

古代有唐僧玄奘“不取真经不回头”，现有“红色娘子军”绝地逢生。二十年了，十年磨一剑，当年的五连冠（女排）辉煌再现，在0：2落后于俄罗斯队的险境中，中国“红色娘子军”在陈忠和的率领下，永不服输，上演绝地反击，神奇大逆转。假如当时女排甘心就这么认输的话，那么就不可能反败为胜。因为在心理上就已经输了，何谈胜利。只要还有一线希望，就要努力去争取。

“失败乃成功之母”，“承认失败，也是成功的开始”……一句句富含哲理的话语，早就确定成功与失败的关系，成功与失败是互存的，有成功必有失败；失败之后也必有成功！成功就躲在失败背后，当你打败了失败，也就获得了成功。

我们应微笑着面对失败，不要抱怨生活给予你太多的磨难；不必抱怨学习给予你太多的曲折。大海如果失去巨浪的翻滚，就会失去雄浑；沙漠如果失去飞沙的狂舞，就会失去壮观；人生如果仅求两点一线的一帆风顺，生命也就失去了存在的魅力。

## 弱肉强食是永恒的真理

曾经有一位诺贝尔奖文学奖获得者说过：“弱肉强食就如同天空一样古老而真实，信奉这个原理的狼就能生存下来，违背这个原理就会死亡。这一原理就好像是缠绕在树干上的蔓草一样环环相扣。”

许多时候我们并不想把话说得太过于直白，但正如同那位伟大的作家所说的，它就“如同天空一样古老而真实”。我们不得不承认：这个世界永远属于那些强者，而弱者只能得到同情和怜悯，他们永远得不到成功。这就是真实的世界。

生活中人们总会显得不平等，富裕的不少，贫困的更多；强者很多，弱者却充斥整个社会。这是一个弱肉强食的世界，不管你是否承认，只有努力才能成为真正的强者。我们就拿企业中的员工来说吧。其实要成为一个优秀的员工，就应该具有狼群的那种战斗性格。谦让、退缩、息事宁人并不应该是现代员工的生存哲学。由于教育的普及，我们的社会对一般性的人才的需求已经处于饱和状态。如果不在公司或企业中表现出自己的价值，那么在经济不景气的情况下，这个员工就很有可能被裁员。即使你有一颗仁爱之心，也不会有人把自己的工作拱手相让的。

现在的社会竞争是避免不了的，但我们并不提倡你死我活的战斗，互相拆台，干扰对手的工作。一个公司内的员工应该在一个公正、公平的环境下展开合理的竞争。当然这种竞争并不应该是以挤走对方，抢占对方的职位为目的。真正的竞争就是有利于工作效率的提高，有利于公司业绩的提升。

竞争不只是在公司、团队内部展开。优秀的员工应该把眼光放长远，站在整体的立场上去面对竞争，而不是站在个人的立场上去面对竞争。从公司或团队的立场上来说，在团队里所有的员工应该团结一心，打败竞争对手，抢占较多的市场。

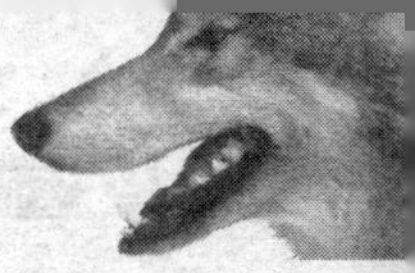

不管是在公司内部，还是公司所处的经济环境，都决定了一个优秀的员工应该具备狼那样的战斗性格。因为这种性格决定了员工的斗志和心气，这种精神的力量绝对不能小视。

其实在动物界中，狼根本就不是上帝的宠儿，尤其是在食肉动物中，狼根本就没有丝毫优于其他动物的身体条件。

世界上没有任何一件事，还没有做之前就能肯定是百分之百的成功。成功的人与失败的人只有一个区别：是否做到顽强和坚韧。顽强与坚韧，是行动的基础，是一个人走向成功非常重要的心理素质。一个人只有心里充满必胜的信念，对自己所从事的事业确信无疑，并且有坚忍不拔的意志力，他才可能迈出坚定的步伐，产生克服困难的力量与智慧，想出解决问题的方法和对策，赢得他人的信赖和支持，才会达到最终的目标。

狼已在地球上生存了几百万年，这确实是一个奇迹。由于对狼的偏见和憎恨，人类曾经对狼进行大规模的屠杀，但狼仍然顽强地生存至今。现在，越来越多的物种从这个星球上消失，越来越多的物种被人类列入保护的行列，狼却一直没有被人类驯服，也没有弱小到需要靠人类的保护才能继续在地球上存在下去。虽然我们不能否认狼群的数量一直在减少，难道这不是野生动物们共同的命运吗？但在辽阔的草原，在潮湿的热带雨林，在干燥的沙漠，在寒冷的北极，在世界上的每一个地方都有狼群。这是何等顽强的生命，是多么令人感慨的物种啊！

它们没有超速的速度，也没有庞大的身躯，即使是它本身唯一的武器“锋利的牙齿”也是绝大部分食肉动物所具有的。

狼是不冬眠的动物，它们几乎不会像其他动物那样贮藏食物。因此，在漫长而寒冷的冬季，它们就必须四处寻找食物。这对狼群来说，是最大的考验。它们的捕食对象，有很多都躲在温暖的洞穴中沉睡，即使是不冬眠的动物，也在洞穴里储存了足够的食物，因此也很少到野外寻找食物。草原上的狼群，一到冬季，就会由于恶劣的自然条件而被淘汰一部分，但这种淘汰在无形中优化了狼群。经历冬季的考验之后，生存下来的狼群有着比原来更顽强和坚韧的生命力。狼为什么而活着？这对世界上最聪明的人类来说，也是深奥无比的问题。也许仅仅是为了生存，为了狼群的存在。这并不应该是我们的关注所在，至少在这里是如此。我们应该关注的是：并不被上帝所宠爱的狼，在残酷的自然环境下、在与各种动物你死我活的争斗中、在最可怕的敌人——人类的屠杀后依然顽强地在这个地球上生存。狼的确是地球上生命力最为顽强的动物之一。这个问题正是我们现代人所应该关注并认真去思考的。

# 狼性无畏

狼的自述：

也许你曾经看到我们退逃，但那不是我们最后的形象。在自然界中，虽然我们不是最强大的，但是我们是最无畏的。在我们的内心里，只有战斗，战斗到最后的一刻。

因为那就是我们的生活，我们也必须那样生活。

## 有所为，无所畏

大部分的狼群都喜欢生活在森林和草原地区，但区域绝对不能与它们“划清界限”，在沙漠、平原和冻原地带都可以找到它们的踪迹。

它们非常聪明，明白自己需要做的、不能做的事。它们可以通过气味、面部及身体语言和发声来彼此交流。吼叫可以帮助它们彼此追踪、建立地盘、组成狼群和防御外来攻击。它们也会因高兴而吼叫。在安静的夜晚，在192公里之外，它们就以它们的吼叫来向别的动物示威了。

灵敏的听觉和具有震撼力的“狼吼”是它们最基本的特征。此外，它们还具有敏锐的嗅觉，并且还能察觉到远在两公里之外的猎物。在它们的内心深处，是没有“畏惧”这两个字存在的，它们判定事情该不该做的唯一标准就是：会不会得到利益。它们知道，一只真正的狼不会轻易使用逃跑的手段，该做时，它们会不惜一切代价战斗。只有战斗才有生存的希望，而逃跑只有一死。这就是它们的有所为，无所畏。

只有战斗而生的狼，没有因惧怕战斗而生的狼。

人类很多地方和狼都有相似之处，在春秋战国时期，齐国和楚国都是大国。齐国出了一个非常有名的相国，名叫晏子。

有一回，齐王派大夫晏子去访问楚国。楚王仗着自己国势强盛，想乘机侮辱晏子，显显楚国的威风。

楚王知道晏子身材矮小，就叫人在城门旁边开了一个五尺来高的洞。晏子来到楚国，楚王叫人把城门关了，让晏子从这个洞进去。晏子看了看，对接待的人说：“这是个狗洞，不是城门。只有访问‘狗国’，才从狗洞进去。我在这儿等一会儿。你们先去问个明白，楚国到底是个什么样的国家？”

接待的人立刻把晏子的话传给了楚王。楚王只好吩咐打开城门，迎接晏子。

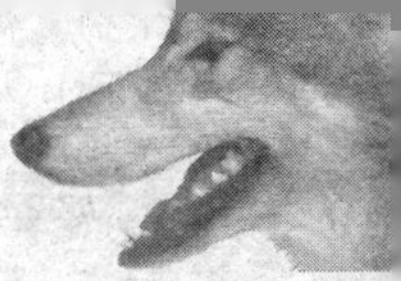

晏子见了楚王。楚王瞅了他一眼，冷笑一声，说："难道齐国没有人了吗？"晏子严肃地回答："这是什么话？我国首都临淄住满了人。大伙儿把袖子举起来，就是一片云；大伙儿甩一把汗，就是一阵雨；街上的行人肩膀擦着肩膀，脚尖碰着脚跟。大王怎么说齐国没有人了呢？"楚王说："既然有这么多人，为什么打发你来呢？"晏子装着很为难的样子，说："您这一问，我实在不好回答。撒谎吧，怕犯了欺骗大王的罪；说实话吧，又怕大王生气。"楚王说："实话实说，我不生气。"晏子拱了拱手，说："敝国有个规矩：访问上等的国家，就派上等人去；访问下等的国家，就派下等人去。我最不中用，所以派到这儿来了。"说着他故意笑了笑，楚王只好赔着笑。

楚王安排酒席招待晏子。正当他们吃得高兴的时候，有两个武士押着一个囚犯，从堂下走过。楚王看见了，问他们："那个囚犯犯的什么罪？他是哪里人？"武士回答说："犯了盗窃罪，是齐国人。"楚王笑嘻嘻地对晏子说："齐国人怎么这样没出息，干这种事儿？"楚国的大臣们听了，都得意洋洋地笑起来，以为这一下可让晏子丢尽了脸。哪知晏子面不改色，站起来，说："大王怎么不知道？淮南的柑橘，又大又甜。可是橘树一种到淮北，就只能结又小又苦的枳，还不是因为水土不同吗？同样道理，齐国人在齐国安居乐业，好好地劳动，一到楚国，就做起盗贼来了，也许是两国的水土不同吧。"楚王听了，只好赔不是，说："我原来想取笑大夫，没想到反让大夫取笑了。"

晏子仗着卓越的才能，极大的勇气，坚决地回击了楚王的行为，在历史上留下了一段广为人知的故事。

全球著名的企业家，如通用电器的杰克·韦尔奇、微软的比尔·盖茨、Virgin Atlantic 的 Richard Branson 和惠普公司的路·普拉特等，他们也会遇到各种的不愉快，比如，有时即使是竭尽心力也不能给企业带来很多价值。

他们是如何对待这些问题的呢？那就是无畏。如果你屈服于畏惧的压力，它反而会对你产生更大的影响，由此产生的结果往往是你避之不及的。例如，你害怕被人拒绝，就会摆出屈尊俯就的姿态，而这恰恰是为人所厌恶的；在你害怕失败的时候，你会因此失去自信而表现得更加差劲。

在你对自身的能力有充分的认识和把握之前，你必须要面对、克服这些畏惧心理——无畏。也只有无畏才能使这些问题离我们很远。

因为畏惧而痛失良机的例子也是很多的。1967 年，瑞士手表制造商在其研究中心发明了电子石英表，然而他们却拒绝了生产这种手表的建议。谁会要一块没有发条的手表呢？但 10 年之后，这一决策却使瑞士手表的市场占有率从 65% 下降到了不足 10% 。出现这一结果的主要原因在于，日本公司利用瑞士公司的发明，大规模生产、推广了电子表，而瑞士公司最终丧失了市场。

所以，我们要“挑战”我们的“敢”的精神，敢为人先，敢作敢当，敢于失败，敢于冒险，也就是无所畏惧，勇往直前的精神。

一个人活着，增加着自己的回忆；一个人活着，又被形式所逼、被越来越多的迷茫和梦所困扰着。在这由回忆一层层紧紧围绕着的中心，是我们真实而具体的存在。我们要在自己存在的漆黑中挖掘，因而在白昼里无所畏惧。

人生就像是一场无休无止的搏斗，为了理想，既要抗拒世俗的压力，又要克服自然的困难，一踏上人生征程，苦难、挫折、不幸也许就要纷至沓来，在生活的重压下的苦闷、彷徨、挣扎、绝望也许就要时隐时现。让我们从无畏的精神中得到力量的充实、意志的坚强，让我们傍着英雄的肩膀，坚定、勇敢、自信地冲破一切世俗的、传统的羁绊，去开创一个属于我们自己的崭新的未来吧!

## 永不言败

在所有的动物中，唯独狼有一种屡败屡战的精神，跌倒了能够再爬起来，在狼族的词典里，也许我们永远都找不到“失败”或者是“放弃”两个词。在面对挫败时，狼族的反应也总是勇敢地去挑战，从来不会倦怠、沮丧或者屈服；它们不会像有些人类一样，表现出一种忧虑、郁郁寡欢的样子；狼在遇到挫折时，会重新整装待发，全身心地投入眼前的任务中。它们会继续运用自己所经历时间考验后的技能，再加上它们从暂时的挫折中学到的一点知识，它们深信在第十次、第十一次甚至在最后一次肯定会取得成功的，而它们在面对失败总是屡败屡战，胜利最终也将到来。

永不言败是狼重要的特征，它们不屑于失败，更看不起失败。它们认为在这个世界上没有绝对的胜利者或者失败者，究竟如何才算胜，如何才是败呢？也许不同的人会说出不一样的答案。这是由于介于成功和失败之间，有一股使人虽败尤胜的力量；狼至始至终相信自己肯定会成功，不屈不挠的精神与坚强意志的归宿——永不言败的灵魂!

这正如海明威的小说《老人与海》中讲到：主人公桑提阿果只是一名平凡的老渔夫，但他却在海上独力跟一条小船般大的鱼搏斗了三天两夜，并最终捕获了它，然而在他返航途中，大鱼的血腥味引来了一条又一条鲨鱼，老人拼命地与鲨鱼搏斗，用桨打、戳、刺，累得他筋疲力尽，鲨鱼却把大鱼吃得只剩一条白骨。

老人最终一无所获，但我们依然为他而感动，我们不得不对他说：“你是英雄!”

老人说：“人生来就不是为了被打败的。一个人可以被毁灭，但不能

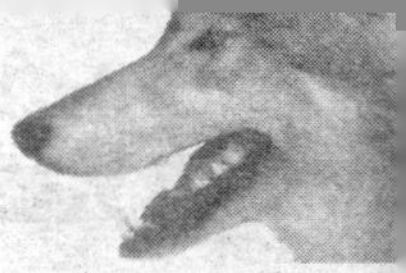

被打败。”

从某个角度来说，老人是失败了，但这个失败者却具有优胜者的风度。因为他真正的对手并不仅仅是一条大鱼和数条鲨鱼，而是大海！深不可测的茫茫大海！能在大海的危难前未言放弃，更永不言败，是真英雄！

千万不要败给悲观的自己。很早以前，有一群印第安人被白人追赶，逃到了某个地方，他们的处境十分危险。由于情况危急，酋长便把所有的族人召集起来谈话。他说：“有些事我必须告知大家，我们的处境看起来很不妙，我这里有一个好消息，也有一个坏消息。”族人中间立刻起了一阵骚动。酋长说：“首先我要告诉你们坏消息，”所有的人都紧张地站着，神色惶恐地等待着酋长的话，他说，“除了水牛的饲料以外，我们已经没有什么东西可吃了。”大家开始你一言我一语地谈论起来，到处发出“可怕啊”“我们可怎么办”的声音。突然一个勇敢的人发问了：“那么好消息又是什么呢?”酋长回答：“那就是我们还存有很多的水牛饲料。”

也许每个人都很喜欢上述这则小故事，就是由于这个智慧而略有些幽默的酋长，因为他在死的困境中依然保持着泰然豁达的心境，他所看到的，只是生的希望。一个在厄运面前不会绝望的人，注定是一个永远不会被生活打垮的人。人生的多次失败，最后并不是败给别人，而是败给了悲观的自己。

有人曾经问一个孩子：“你是怎么样学会滑冰的?”孩子天真地回答：“跌倒了爬起来，爬起来再跌倒，然后再爬起来，就学会了。”一个人或者团队，要战胜失败，要想取得最后的成功，实际上需要的就是这种精神。

所谓的人生也就是这样，最重要的是我们不能缺乏站起来的勇气和坚强的毅力。跌倒了再爬起来，“拍拍身上的灰尘，振作疲惫的精神。”跌倒了爬起来，再跌倒再爬起来，但最后一个动作永远的是爬起来，其实爬起来只不过与跌倒的次数一样而已。

一本杂志里写着这样一篇文章，“永不言败：一个文学爱好者的苦难人生。”文中讲述了一个农民青年探索文学，献身文学的苦难一生。他从小就立志要“写出生活，把一生献给文学事业”。为了这个理想，他刻苦努力，笔耕不辍，但现实却一次一次给他无情的打击。他翻烂了各类文学丛书，学习了大量文学知识，但却始终没能实现自己的理想。虽偶有几篇文章登载于报纸杂志，但与他20年来的辛勤努力比起来却是那么菲薄。他的一生也极尽苦难，先是离婚后妹妹被火车撞死，再婚的老婆认为他的贫穷苦难皆因文学而起，无情地焚烧了他所有的手稿，使他20多年的努力变为灰烬。他为此又一次成为单身而进入更加贫困的生活。为生活所迫，他打过零工，看过桃园，最后出家成为一名道士。他想在有生之年创作出一篇自传性质的长篇小说，即便把长篇分解成短篇写出来，也不让“生命随肉体的腐烂而腐烂”。但道观也不是写作的地方，他只能在心中构思，间或偷偷写些笔记之类的文字，为以后的创作蓄势。作者问他“苦了一辈子也没弄出名堂，是不是太亏了”时，他的回答毅然坚定，“不，我感激文学，是它，提携我出离了污浊是非，引领我进入了超拔之境。”多么诚挚的语言，多么不懈的追求！文章最后一句话耐人深思“你可以毁掉一个人，但打不败他”。

漫漫人生路一路走来确实不容易，永不言败是一种信念，希望我们能从中得到一些启示。或许，生命原本就是一场无形的赌博，在没有绝望之前，你必须赌下去。我们应该相信，没有永远的赢家，你也未必总是输者。即使是输毕竟我们还可以豪赌一场，也不枉来人世历练一番。如果我们真的输得“分文皆无”除去“赌”还有“搏”。那就从头再来，好好的搏上一场，或许还有收获的希望。至少我们还有的是时间为自己疗伤，至少我们还有年轻的生命做“本钱”。

或者，我们都应该记住马克思·燕妮的一句话：永不绝望。但我们似乎更应该有把它升华为永不言败的豪情和勇气。是啊，永不言败！虽说等待着我们经历的还有几番坎坷和艰难。别忘了，我们还有年轻为伴，摔倒了，拍拍身上的灰尘再坚强地站起来，因为我们——永不言败。

人生要具有“狼残、狼暴精神”，对待生活中的难关，人生中的困惑，要勇敢果断处理，决不退缩；如心怀仁慈，难关便会越缠越紧，困惑便会越陷越深。

## 生当为人杰

在一个不算庞大的狼族中，分高层狼和底层狼两种。底层狼通常是公狼，而且是族群中个头较小的家伙。这个可怜的小不点常常会受到狼族群中其他成员的虐待与排挤。

但千万不要瞧不起这个小不点，虽然它每每都在忍受着欺负，虽然别的狼都比它高大而威猛。但它不会惧怕这些，因为它知道，这是一种磨炼，当真正的机会来临之后，王者，往往就会是它。

受到欺负的小狼会默默地忍受一段时间。在经过考虑以后，它就会决定离开，自己一个人走。不要为它担心，因为就在这“欺负”之中，它已经深深地了解了自己真正的实力和耐性。它成为了“孤独之狼”。

这些“孤独之狼”最后不是参与其他族群，就是找到伴侣，开始经营属于它们自己的族群。这就是狼的气节。

我们从这个故事中可以得知，狼中没有平庸者，哪怕是最弱小的狼。它们生存着就会有它们生存的价值、目标，它们按照它们的价值、目标去寻找生存的真谛——要做就做到最好。

李清照一首名诗道尽了历史的悲伤与无奈。“生当作人杰，死亦为鬼雄。至今思项羽，不肯过江东。”楚霸王项羽“力拔山兮气盖世”，“生当作人杰”，可“时不利兮骓不逝”，乌江自刎，虽未“取而代之”，但“死亦为鬼雄”。汉刘邦呢？“威加海内兮归故乡”，却仍不能流芳百世。项羽一生虽然短暂，但综观其一生，神勇无比，也是人中之杰。但不管怎么说，项羽都是一头没有成功的“小狼”。如果说历史上很多事情总是让人唏嘘不已，那么不肯过江东的项羽会得到太多的同情。但项羽如果具备足够的狼性精神，最后的胜利者肯定就是他。历史总会让人无奈。

在南宋末年，朝廷偏安江南，国势已经积弱多年。而北方蒙古族于1271年结束了内部争夺皇位的自相残杀局面，建立了元朝，接着把侵略矛头直指南宋。南宋面临着亡国灭种的严重威胁，而一代人杰文天祥就是在这种形势中出现的，他成为了抗击侵略者的伟大民族英雄。

南宋朝廷长期为投降派所把持。文天祥当时正担任赣州知府，他“捧诏涕泣”，并立即行动，在两三个月内便组织了第一支“勤王”队伍近万人，几经周折，赶到了临安。而在成千上万大小地方官中，带兵勤王的只不过他和张世杰、陆秀夫三人而已。

1276年1月18日，伯颜兵临皋亭山，左相留梦炎早已投降叛变。其他大臣也已投降。伯颜虽愿受降，却要右相陈宜中去元营洽谈，陈哪有这个勇气？当天晚上便逃之夭夭。谢太后唯一能派的人只剩下一个文天祥。他毅然临危受命，但不是去投降，他考虑的是“战、守、迁皆不及施”，“国事至此，予不得爱身”，他想借此机会观察一下敌营的虚实以谋“救国之策”。但是他没有想到，正当他指斥伯颜扣押不能返回宋营，他的义兵则在同时被投降派命令解散。敌人的凶残不曾使文天祥受困，昏庸的朝廷和无耻的投降派却使他遭到了第一次严重的挫折。

1276年2月9日，文天祥被押送去大都，在义士的帮助下，逃脱了虎口。不久，被诏至福州，任右丞相兼枢密院事，后又命为同都督。

1277年3月，文天祥统兵进军江西，收复南部数十州县，同时围困赣州，湖南、湖北皆起而响应，震撼了江南，鼓舞了人民的反侵略意志。这使元朝统治者大为惊慌，忙调40万大军来解赣州之围，另派兵5万追击文天祥。文部不过五千余人，这年8月，空坑一战，遂致大败，部将数人牺牲，妻儿都做了元军的俘虏。

但是文天祥并没有灰心丧气，他下定决心抗元到底。1278年11月，他收拾残军，加以扩充，移兵广东潮阳，不幸于12月20日兵败五坡岭。文天祥自度难以逃出重围，当即吞服随带的冰片，以求一死，免遭污辱。但他并未死，而在昏迷中被俘了。这是他遭遇的最后一次严重的挫折。从此以后。文天祥便再也不能统领义军在战场上与元军拼杀。

文天祥被俘后，打定主意，只求一死而不苟生。威武不能屈，富贵不能淫。1279年10月，阿合马来文天祥囚所劝降，文天祥长揖就坐，不把他放在眼里，阿合马却要他下跪，文天祥说："南朝宰相见北朝宰相，何跪?"阿合马以胜利者自居，傲慢地说："你何以至此?"文天祥嘲讽地说："南朝若早用我为相，你去不了南方，我也不会到你这里来，你有什么可神气的。"阿合马用威胁口气对左右说："此人生死尚由我。"文天祥正义凛然道："亡国之人，要杀便杀，道甚由不由你。"阿合马自讨没趣，灰溜溜地走了。同年年底，元丞相孛罗审问文天祥。孛罗一来就摆威风，要文天祥跪下，但却遭到拒绝，左右便用武力强使文天祥作跪拜状，文凛然说道："天下事，有兴有废，自古帝王以及将相，灭亡诛戮，何代无之？天祥今日……至于此，幸早施行。"临刑前夕，皇帝忽必烈亲自出马劝降，以宰相之职作为诱饵，妄图使文天祥投降，但遭文天祥严厉拒绝。忽必烈只好问他，那你究竟要什么呢？文天祥回答说："愿以一死足矣！"文天祥这种以身殉国，视死如归的伟大精神使得敌人束手无策，一筹莫展。这实际上等于宣布了反侵略战争的胜利，是正义的胜利和他自己所赞颂的"正气"的胜利。

1283年，文天祥在大都柴市口英勇就义。他死后留下了大量诗文，其中如《过零丁洋》中的"人生自古谁无死，留取丹心照汗青"；狱中所作的《正气歌》以及死后从其衣带中发现的"衣带诏"（孔曰"成仁"，孟曰"取义"，惟其义尽，所以仁至，读圣贤书，所学何事？而今而后，庶几无愧），都已成为光照日月、气壮山河的绝唱，成为民族精神的宝贵财富。文天祥也因此成为永垂不朽的民族英雄。

虽然"人各有志"，但若胸无大志，也是会被人笑话。这是为什么呢？因为胸无大志者必然目光短浅。《庄子·逍遥游》中有一篇著名的寓言，题为《鲲、鹏与斥鴳》：天池里有条鱼，身宽几千里，没有人知道它身体有多长，只知道它的名字叫鲲。鲲化为鸟，身体高如泰山，翅膀像遮天蔽地的浮云。乘风而上，一飞九万里，直上九天，然后打算飞向南方的大海。生活在小沼泽里的雀笑道："你将到哪里去呢？我腾跃而上，不过数米而下，自由自在地飞翔在蓬蒿之间，这也算是飞翔的极致了。而你将到哪里去呢?"雀对高飞远举的嘲笑，恰恰表现了鼠目寸光者的渺小。庄子借此寓言，表现了对志在九天的推崇和对志在蓬蒿之间的辛辣嘲笑讽刺。

还有一则寓言，是说须有大的志向才能有较大的收获。这篇寓言题为《任公子钓鱼》：任公子制作大钩巨线，用50头牛做鱼饵，身体蹲在会稽山上，把鱼竿伸到东海上空，天天垂钓，一整年过去了，却一条鱼也没有钓到。后来终于有一条大鱼上钩了。这条鱼咬住大钩沉入海底，鱼尾激摆，鱼鳍翻飞，卷起滔天巨浪，声若鬼神，威震千里。任公子钓到这条鱼后，把鱼切成块，晒成鱼干，让所有居住在钱塘江以东、九嶷山以北的人全

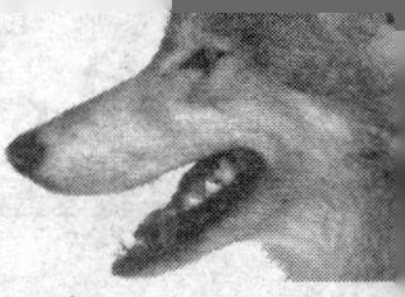

部饱餐一顿。庄子感慨地说，如果举着小竿小线，跑到用于灌溉的小沟渠中去钓鱼，钓小鱼和鲫鱼还可以，要想钓到大鱼就难了。夸饰浅薄的学说，虽有可能浪得虚名，但是要得到大的成功，那就相差太远了。

这则寓言告诉我们：若限于眼前的利益而去追求小的目标，就只能取得较小的收获；若想追求大的成功，就必须树立远大的志向，追求远大的理想。

陈涉为人佣耕之时，便大发“鸿鹄之志”。及大泽乡揭竿而起，乃慷慨陈词：“壮士不死则已，死即举大名耳，王侯将相宁有种乎！”一席话表达了不甘贫贱而追求大目标的壮志豪情，终于以一介布衣而被尊为“陈胜王”，建立了“张楚”政权。推翻暴秦，当记陈涉首功。项羽年少之时，见到出游途中的秦始皇，即对项梁说：“这个人可以被取而代之。”此等豪情，气冲牛斗。而项梁却被项羽的话吓慌了手脚，其成就不及项羽也就合乎情理了。刘邦到咸阳出差，为秦始皇的威严所吸引，突然激发了沉睡于胸的远大志向：“嗟乎，大丈夫当如是也！”从此一改酒色之徒的懒散无赖本性，发愤图强，成就了帝王伟业。人们常说，不想当元帅的士兵就不是个好士兵。这句话的意思，并不是说士兵非当元帅不可。而是说士兵非有高远的志向不可。中国有句俗话，叫作“取法乎上，仅得其中，取法乎中，仅得其下”。一个士兵，如果仅仅想当一个好士兵，那么肯定连好士兵也当不成。纵观人类历史，凡终成大事者，大事之成无不始于大志之立。没有生当为人杰的豪气，没有舍我其谁的霸气，就只能像一只小小的雀，一生只能飞行在蓬蒿之间。

**实例：盛大集团的崛起**

中国最大的游戏生产商盛大集团董事长陈天桥就是深具“狼性无畏”的人。盛大创立之初，中国还是 .com 的一片空白区，陈从网络游戏中，敏锐地看到了其巨大的市场发展空间，他以社区游戏为主业，建立了一个虚拟社区，短短数月便拥有了 100 万左右的注册用户，由此获得了中华网 300 万美元的风险投资。这是陈天桥“无畏”状态下的一个极好的机会。

2000 年末，互联网步入冬季，陈天桥面对危机，再一次做出选择：从社区游戏转向角色扮演类游戏。虽然他的社区游戏在当时做得相当的出色，但在 2001 年开春，韩国 Actoz 公司老板怀揣《传奇》游戏到中国寻找网络运营商，与陈天桥一拍即合，盛大以 30 万美金的价格购下《传奇》在中国的独家代理权。陈天桥完成了又一次的冒险。

中华网不能接受盛大的这一选择，提出撤资。

“当时没有后援了，这是个非常大的心理压力，破釜沉舟，在此一战。”

陈天桥的底牌是：“电影工业发展了那么多年，到 2002 年总票房收入只有 9 个亿，而 2002 年整个网络游戏才起来一年，整个产值就有 9 亿多。”

这一把，赌得非常大。

但随着《传奇》这把牌一张张地揭开，盛大赢了，赢得也非常大。

“我们的核心竞争力就在于及时地提供优质的服务，有的游戏代理商，15 块钱把碟子卖给你，就什么都不管了。但是盛大，一开始有了收益，马上花 500 万设立了电话中心，受理玩家的投诉。我们还在全国设立了客户服务体系，一般在 24 小时内就能解决客户的问题。再比如说我们的网上销售模式，我们的密码保护系统，这在当时的电玩业是很少见的，玩家觉得，终于把他们当人看了。”

要么不赌，要赌就赌大的；要么不做，要做就做赢家。豪赌需要大胆，常胜需要谨慎，陈天桥的性格里，有着这看似矛盾的成分。

他常说，盛大是一家保守的公司。虽然公司在关键的几步都迈得异常大胆，但在迈步之前，他是无畏的。

2002 年下半年，韩国 Actoz 的源代码泄漏，“私服事件”使 Actoz 和盛大对簿公堂，当时盛大自己的游戏《传奇世界》正在紧锣密鼓地研发阶段，韩方在网络上放出风来，称《传奇世界》涉嫌抄袭。

官司牵扯了一年左右，这中间，盛大的研发团队拼命赶工。“当时我们非常辛苦，都觉得如果 2003 年 9 月 28 日合同结束之前不把《传奇世界》做成成功的产品，而合同又到期的话，对于一个年轻的企业可以说是灭顶之灾。等到 7 月份看到我们的软件架构，就知道两家的东西完全不一样。”

跟韩国公司谈判了 8 个月，陈天桥的无畏的强硬性格，注定了他不会认输，也决不会输。

《传奇》为盛大积累了资源、经验和资金，软银 4000 万美元的投资，以及上市融得的数亿美元，让盛大加快了收购兼并的速度。

在日本注资网游公司 Bothtec、在美国收购核心游戏引擎研发公司 Zona 之后，盛大把目光转向了国内的同行企业，收购休闲游戏提供商“边锋”、电子竞技对战平台“浩方”以及收购手机平台游戏的领先者“数位红”，陈天桥半开玩笑半认真地说，一系列动作的目的只有一个，就是把未来可能的竞争对手“扼杀在摇篮里”。

这一连串的资本运作，也完善了盛大自身的产业格局，陈天桥的互动娱乐帝国，开始变得全面和立体。

低调的他，只有对中国网络娱乐行业老大的地位，是敢大包大揽的。

“现在中国网络游戏的市场里，盛大占了 60% 的份额。老二是谁，我也不清楚，盛大关注的不是身后的竞争对手，而是怎么发展好自己。你知道，在百米赛跑冲刺的阶段，跑在第一个的人，想的是怎么冲得更快，是绝对不会回头去看谁追在后面的。”

# 第二章　狼性品质

品质是自然界中最重要的东西，它包括了生活中很完美的纪律、团队、沟通和智慧。而狼却同时完全拥有了这些。不光如此，它还把这些品质做到了最好的地步，让包括人类在内的所有动物都很难超越它。拥有这些良好品质的狼才是真正的丛林霸主，只不过，有时候它用自己独特的智慧把这些都掩饰了……

# 狼性纪律

狼的自述：

其实，只要能在残酷的自然环境中生存下来，你就是英雄豪杰，你就会荡涤一切污泥浊水，因为你成为了强者。而只有懦夫才会让自己恐惧责任。

我们每个人都明白，真理是不可能因为环境的改变而有所改变的，它的正确性，早已经过时间的严峻检验。同样如此，狼族也通过严峻的岁月考验，验证了其组织纪律的实效性……

学习狼的生存法则就要学习狼的纪律。

古语中写道：“工欲善其事，必先利其器”，古语还曰道：“天将降大任于斯人也，必苦其心智，劳其筋骨，饿其体肤”。这“器”就是铁的纪律，而只有铁的纪律才能“劳其筋骨，饿其体肤”，才能打造成一个健全的成功者。

让我们一起来看一下关于一个海盗的故事吧！

在罗伯茨的海盗生涯中，他一共抢劫了四百多条船，他有着很复杂的人格内涵，首先和别的海盗不同的是，他从来不喝烈酒，只喝淡茶，他还是一个特别注重章程的人。有一份罗伯茨制定的船规是这样写的：

1. 对日常的所有事务每个人都有平等的表决权。

2. 偷取同伙财物的人要被遗弃到荒岛上。

3. 严格禁止在船上赌博。

4. 晚上 8 点准时熄灯。

5. 不许佩带不干净的武器，每个人都得时常擦洗自己的枪和刀。

6. 不许携带儿童上船，还有勾引妇女的人会被处死。

7. 临阵逃脱者死。

8. 严禁私斗，但是可以在有公证人的情况下来决斗，杀害同伴的人要和死者绑在一起扔到海里去（皇家海军也有类似规定）。

9. 战斗中残废的人可以不干活留在船上，并可以从“公共储蓄”里领到 800 块的西班牙银币。

10. 分战利品的时候，船长和舵手可分双份，厨师、炮手、水手长、医生可分一又二分之一份，其他有职人员分一又四分之一份，普通水手

每人得一份。

在别的海盗船也有类似的船规，但罗伯茨执行得最为严格，由于这种种的行为和纪律，使他获得了“黑色准男爵”这样一个绰号，这份海盗的“十戒律”，用后世历史学家的话说洋溢着“原始的民主主义”。

纪律是一切制度的基石，组织与团队要能长久存在，其重要的维系力就是团队纪律。要建立团队的纪律最首要的一点是：领导者自己要身先士卒维护纪律。

纪律可以促使一个人走上成功之路。一个好的领导者必定是懂得自律的人，而且也一定是可以坚持及带动团队遵守纪律的人。

孙武去见吴王阖闾，与他谈论带兵打仗之事，说得头头是道。吴王心想，“纸上谈兵管什么用，让我来考考他。”便出了个难题，让孙武替他操练姬妃宫女。孙武挑选了一百个宫女，让吴王的两个宠姬担任队长。

孙武将列队操练的要领讲得清清楚楚，但正式喊口令时，这些女人笑作一堆，乱作一团，谁也不听他的。孙武再次讲解了要领，并要两个队长以身作则。但他一喊口令，宫女们还是满不在乎，两个当队长的宠姬更是笑弯了腰。孙武严厉地说道：“这里是演武场，不是王宫；你们现在是军人，不是宫女；我的口令就是军令，不是玩笑。你们不按口令操练，两个队长带头不听指挥，这就是公然违反军法，理当斩首！”说完，便叫武士将两个宠姬杀了。

场上顿时肃静，宫女们吓得谁也不敢出声，当孙武再喊口令时，她们步调整齐，动作划一，真正成了训练有素的军人。孙武派人请吴王来检阅，吴王正为失去两个宠姬而惋惜，没有心思来看宫女操练，只是派人告诉孙武：“先生的带兵之道我已领教，由你指挥的军队一定纪律严明，能打胜仗。”孙武没有说什么废话，而是从立信出发，换得了军纪森严、令出必行的效果。

成功很难，但成功者却不乏其人。为什么你不是这些人中的一个呢？恐怕得从你自身来说起。你是不是对自己保有一系列铁的纪律呢？

做人做事，都需要坚持正确的原则，虽然推行的结果可能是得罪一些高层人士导致自己的职位不保，但这些是你成长过程中所必须经历的。

作战之计已定便执行，决定发兵便马上行动；将帅不需怀疑计划，士兵也不需乱想心疑。这就是纪律的作用。

当企业和员工都具有非常强烈的纪律意识，每一条纪律都不触犯，在不需要找借口时绝不找任何借口，例如质量问题，例如对待工作的态度时，你会突然发现，就是因为如此，工作才会有一个崭新的局面。

## 纪律，成功的基础

狼者，《禽书》说，兽中之良者也，故从良。狼之获得“良”的评价，这不是偶然的。狼懂得合作，在狼群中有严明的秩序、自觉的纪律和明确的行动目标，同时，狼的纪律性则是极强的，也是它们成功的基础。它们还保持一定的危机预警力、攻击力和抗争力。

铁的纪律是效率的保证，当领导安排任务时，应该带着完全相信的心态去对待，在过程中找出这样的作用目的性，这样的实际意义，而不是我们以个人的角度来分析此事该不该做，能不能做，求大同存小异。只有这样我们才能够进步，才能够提升自身的能力。

学员的纪律锻炼就是西点军校非常注重的。为了保障纪律锻炼的实施，西点有一整套详细的规章制度和惩罚措施。比如，如果学员违反军纪军容，校方通常惩罚他们身着军装，肩扛步枪，在校园内的一个院子内正步绕圈走，少则几个小时，多则几十个小时。也就是说，在这方面的事情，我们到处可见。

据说，艾森豪威尔到西点不久，因为他的自由散漫就赢得了“操场上的小鸡”的头衔。原因是艾森豪威尔经常不得不接受惩罚，像小鸡在田间来回走动一样在操场上来回走步，只是不如小鸡那样自由罢了。

这里的纪律锻炼主要是在他们新入学后的第一年完成。西点认为，通过纪律锻炼，可以迫使一个人学会在艰苦条件下怎样工作与生活。比如日常的着装训练，一会儿下令集合站队，一会儿又指令他们返回宿舍换穿白灰组合制服（即白衬衣加上灰裤子），限定在5分钟内返回原地并报告：“作好检查准备”。接着班长又一次下命令，换上学员灰制服。在整个过程中，他们就是必须没有条件地去完成指令，同时还不得有任何借口。

这样的训练整整持续了一年，纪律观念由此深深地根植于每个人的大脑中。同时，与之而来的，却是每个人强烈的自尊心、自信心和责任感，这是一些让人受益终身的精神和品质。

西点军校就是让人接受关于纪律的严格训练，它帮助每个人都成为合格的陆军指挥官。在后来为企业服务的职业生涯中，好成功地把这种纪律观念灌输给每一个下属，它又帮助人们获得了不凡的成功。所以说，纪律的作用和重要性，比人们通常所想象的还要大。

乔治·福蒂在《乔治·巴顿的集团军》中写道：“1943年3月6日，巴顿临危受命为第二军军长。他带着严格的铁的纪律驱赶第二军就像‘摩西从阿拉特山上下来’一样。他开着汽车转到各个部队，深入营区。每到一个部队都要训话，诸如领带、护腿、钢盔和随身武器及每天刮胡

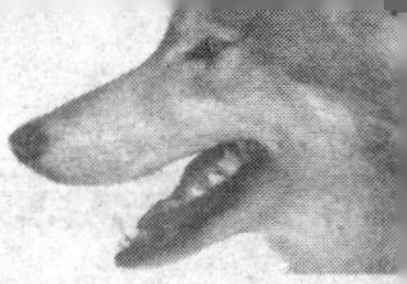

子之类的细则都要严格执行，巴顿由此可能成为美国历史上最不受欢迎的指挥官。但是第二军发生了变化，它不由自主地变成了一支顽强、具有荣誉感和战斗力的部队……”

巴顿可以说是美国历史上个性最强的四星上将，但他在纪律问题上，对上司的服从上，态度毫不含糊。他深知，军队的纪律比什么都重要，军人的服从是职业的客观要求。他认为：“纪律是保持部队战斗力的重要因素，也是士兵们发挥最大潜力的基本保障。所以，纪律应该是根深蒂固的，它甚至比战斗的激烈程度和死亡的可怕性质还要强烈。”“纪律只有一种，这就是完善的纪律。假如你不执行和维护纪律，你就是潜在的杀人犯。”巴顿如此认识纪律，如此执行纪律，并要求部属也必须如此，这是他成就事业的重要因素之一。

被人认为有些粗鲁的巴顿并不是强硬的命令者。他从不满足于运筹帷幄和发号施令，他经常深入基层和前线考察，听取部属意见，而且身先士卒，让部队感觉到统帅就在他们中间，从而愿意听从他的命令，愿意服从他的指挥。

成功的保障需要纪律来完成。

韩非子说：“悬衡而知平，设规而知圆。”生活因纪律而变得井然有序，工作因纪律而变得有条不紊，学习因纪律而变得平和安静，所有这些都告诉我们：没有规矩，不成方圆。

纪律，在《辞海》里是这样解释的：纲纪法律，指要求人们遵守业已确定了的秩序，执行命令和厉行自己职责的一种行为规则。

正如《没有任何借口》的作者费拉尔·凯普所说：“一个团结协作、富有战斗力和进取心的团队，必定是一个有纪律的团队”。作为一个单位，一个集体何尝不是这样呢？严格的纪律，可以形成坚强的战斗力；可以取得令人骄傲的成绩；可以形成巨大效益。可见“纪律”二字对一个集体，一个团队的重要。

纪律同样是一个人敬业的基础，一个人只要生活在人群中，就应该有约束，这个约束就是纪律。最简单的纪律就是规章制度或曰条条框框。人的严格纪律性并非是一蹴而就就能形成的，更不能与生俱来，学习、培养、灌输是尤为重要的。它是渐进的从平时的一句话、一个动作、一件小事开始的，比如：我们平时经常提到的上下班要按时；要按规定的要求着装等，这些看似小事，其实不然，大事就是从这些小事折射出来的。通过这些平时的小事，纪律观念便深深地扎根于我们每个人的大脑中，从而形成每个人的强烈自尊心、自信心和责任感。

纪律是保证一个单位战斗力的重要因素，也是发挥每个人最大潜能的基本保障，更是完成好工作，敬业的基础，是有效执行的根本保证。

所以我们要加强组织性、纪律性。一个组织、一个单位、一个集体如果没有纪律、没有制度就不可能做成任何事情，在纪律、制度面前人人都是一样，要自觉遵守，服从管理，下级服从上级，个人服从组织。在培训、教学、人员车辆安排等各方面都要服从统一指挥。对个人的工作安排、待遇、想法可以向组织上反映，但最后一定要服从组织决定。以大局利益为重。现在的劳动力市场、人才市场都是流动的，优胜劣汰。这是人才使用的规律，双方有选择的权利，希望大家要珍惜工作岗位。

## 团队第一，个人第二

在夜里，没有哪一种声音比狼群异乎寻常的音乐般的嗥叫更阴森、凄楚、可怕而又动听的了。在狼的团队里，每一匹狼都有各自的任务，每一位成员都在通过发挥特有的才智和力量来肩负起对团体应尽的义务。虽然狼也有想做兽王的意愿，但是狼知道他是属于这个团队的，团队的利益永远是第一的。

在一个团队里，每一个成员都干着共同的事业，但同时又都干着和别的成员不同的事情。所以，要建立一整套科学的制度，使管理工作和人们的行为制度化、规范化、程序化，这是工作协调、有序、高效运行的重要保证。还要培养沟通宽容与遵章守纪、开拓创新与勤奋敬业、挥洒个性与全局观念的品质和机制，形成井然有序、生动和谐的氛围，在新的目标下，让每一个成员都拥有和表现特长的平台，去创造业绩。

在现代企业，培养团队精神，越来越受到重视。没有高度统一的团队精神，没有全体参与者的默契与分工合作，要完成一种事业是不可能的。

团队精神是指为了实现某一个目标，而由相互协作的个体所组成的群体表现出来的精神。团队业绩是成员共同贡献的集体成果，所以，团队在强调个人服从整体的同时，不排斥个人利益。在这样的团队，每个成员受到尊重和重视，同时，每个成员也要尊重和重视他人。为了共同的目标，自觉地认同担负的责任、心甘情愿为此而奉献。

共同的事业目标是团队精神的动力，是把人们凝集在一起的奋斗方向。只有目标一致，才会形成坚强的团队，才能鼓舞人们团结奋进。

团队第一，怎么看一个企业？看它的产品营销，看它赚多少钱，看它代表人物的风姿，看它的规模、门脸、气魄……很有道理。但这些都只是有关当前状况的一些表面参数，并不是内在的本质特征。一个企业的本质在于它的生命力，即这个企业有没有一个精神抖擞的、能征善战的、胸怀大志的、后继有人的团队。那种只求一时辉煌，不管明天如何

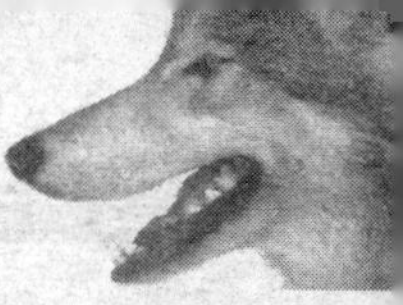

的行为，严格讲，并不是典型意义上的现代企业行为。

有不少企业家，他们身上，不能说没有才智、思路、胆识、技巧。他们能够把企业做起来，做到一定规模，打出知名度，应该说对企业是有功之臣。企业的成就，同企业家个人的优秀不可分割。但优秀企业家在自我肯定之余，往往也很明白，他们之所以达到今天这个岗位，同团队的奋斗是不可分割的。团队之中有些人的优秀程度，远不在自己之下。可惜的是，有的企业家只顾自己表演，处处突出自己。他们热衷于眼下热闹，忘记了持续发展。他们缺少远见，胸无大志，私心很重，目中无人。

没有人反对一个企业家正常的私利需求和必要的统帅风度。问题是这种需求和风度应该得到企业内大多数人内心的认同与支持。为此，企业家应不应该同企业骨干心连心呢？应不应该充分地肯定团队的作用呢？或者说，至少，应不应该同他们深交呢？

如果企业家真正在做企业，现代企业，这一要求不仅不过分，恐怕还是不够的。现代企业要求培养人才，企业家即使是为了自身企业的利益，也有责任去实现这一要求。事实上，不少企业家对此已有强烈的意识，他们在赚钱的同时，至少拿出一半的精力在关注并鼓励团队的成长。韦尔奇、柳传志形象的广为扩散，就充分说明企业界对培养人才一事的热烈响应和追求。

不应该要求所有企业家都能培养人，因为，培养人，身教重于言教。由此，自然要问一句：那么，企业家自己又怎么定位？他们靠什么去培养人才？他们要培养的又是什么样的人？不少企业家求贤若渴，却最终硬是一个又一个都留不住人。不少企业家大谈特谈培养之事，却最终总是形不成一个像样的团队。

做企业，能不能赚钱，是根本；能不能出人才，更是根本。在一定的条件下，例如，战略方针已经确定的条件下，团队的优秀程度就自然会成为能否赚钱、赚多少钱的决定因素。更不用说后续发展之类的话题了。当然，所谓优秀人才，首先是对企业的忠诚和远见，绝不只是赚钱好手。所以，在真正优秀的企业家心中，能够让他反复念叨的，只有四个字：团队第一。

沈祥福在国奥队强调“团队精神第一”。

“对于球员在训练中的表现，我感到非常满意，因为每个人都表现出了积极向上的态度。”虽然自己的第一次训练狠了点，不少队员都觉得有些吃不消，不过沈祥福还是为队员都能坚持下来感到满意：“这种精神是每个球员必备的，更是国奥队战斗力的保障。”

最让沈祥福欣慰的，还是孙吉、马亮、吴伟安这几名落选亚运会名单的球员的表现：“你们也都看到了，他们并没有受到这件事情的影响，在训练中一如既往地投入，他们表现出了应有的态度，因为他们知道，他们始终是国奥队中的一员。”

“在队员中做出取舍，对一名教练员来讲是最困难的，因为他必须抛开一切感情因素的影响。从中青队开始，这批队员一直都是我带的，要说感情对谁都一样，但最终我们必须做出选择。”面对必须做出的人员变化，沈祥福如此说，“这些球员也非常懂事，非常珍惜参加国奥队集训的机会。像高明、阎嵩和于涛虽然有伤，但是他们在全队的业务学习上跟队友有很多交流，这对年轻队员本身就是一种提高。更重要的是，这可以增加他们的团队精神，这也是提高国奥队战斗力的重要保障。”

仔细观察一下，你也许会发现企业里存在这样的现象：员工士气低落，牢骚怨言多，领导刚愎自用等。这些现象很容易导致企业生产力降低，效率不高，员工流失，这可能是团队情商的低下所致。团队情商的低下会影响企业的实际盈亏，严重时甚至可能影响企业的生存。所以，企业管理者必须对团队情商进行有效的管理和控制。

鲁伯夫说：“企业界在本世纪经历了剧烈的变化，情感层面也产生相应的改变。曾经有很长一段时间，受企业管理阶层重用的人必善于操纵他人。但是到了20世纪80年代，在国际化与信息科技化的双重压力下，这一严谨的管理结构已经逐渐瓦解。娴熟的人际关系技巧是企业的未来。”领导不等于压制，而是说服别人为一个目标共同努力的艺术。

高情商团队的企业可化不满为建设性的批评，创造一个和谐的工作环境，形成高效率的合作网。在一个低情商的团队中，各成员的才能就很难得到充分的发挥。他们的能量都消耗在内耗之中了。作为一个高情商团队的领导，应该允许并且倡导员工拿一个大镜子，照出企业内诸多方面的瑕疵。在一个高情商的企业里，职员应该总是有机会、有渠道向他们的上司提出自己的看法，哪怕这种看法并不是正确的。这样，可以有效地缓解员工的不满情绪，引导大家达成共识，从而提高劳动生产效率。同时，由于集思广益，可以有效地使企业避免出现重大决策错误。还应该注意统一企业内部的不同思想，即使统一不了，也要保障异己者的发言权。这虽然是老生常谈，但却有很多企业并未做到这一点。一个企业要善于协调与合作才能塑造出高情商团队，这需要一群人集合起来共同努力，必须各自贡献不同的才华。团队的表现也许无法超出这些个别才华的总和。但如果内部工作不协调，团队的表现就可能大打折扣。

耶鲁大学心理学家罗伯特·斯登伯格和研究生温蒂·威廉姆斯曾做过一个研究：他们伪称一种销售前景看好的新式代用箱即将上市，请几组人各设计一套广告，结果发现，如果一个团队有一些低情商的人，整

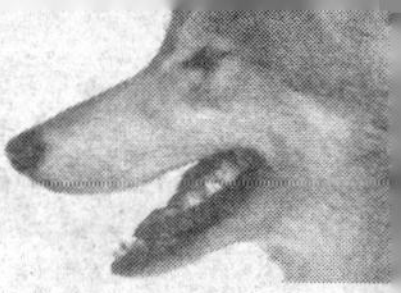

个团队的进度就可能停滞。研究发现，影响团队表现最重要的因素在于成员是否能营造和谐的气氛，让每个人的才华都充分发挥出来。一个低情商的团队中如果存在着严重的情感障碍，比如恐惧、愤怒、恶性竞争、不平等待遇等，各成员的才能就很难得到充分的发挥。

在当今分工日益细致的社会中，每一个人的才能和精力都是十分有限的。每一项成功的事件，都必须要汇合众多人的劳动和智慧。因此在一个团队中取得成功，最重要的一点是能否有益地利用群体的智能。

一些员工对工作没有热情，缺乏主动性，拖拖拉拉，而且整天抱怨领导和企业。这样的员工到处都有，这种做法非常损害团队精神。不知你有没有注意到，通常一个公司或企业里业绩好的员工从不抱怨从不消极，而业绩差的员工总是抱怨、消极和懒散，这是一个恶性循环，最后对谁都没有好处。不要去埋怨别人、埋怨企业、埋怨社会，要多去想想自己身上的问题：你认真学习了吗？你勤奋工作了吗？你积极付出了吗？我们每个人都要用积极的态度去适应变化，要用创造性的思维去思考，更重要的是要勤奋工作，你才能改变现状。勤奋不是三分钟热情，而是一种持之以恒的精神，需要坚忍不拔的性格和坚强的意志。请记住：你想收获多少，你就要付出多少。你想企业为你付出，你就得首先为企业付出。

主动，就是不用别人告诉你，你就能自觉出色地完成任务。作为团队的一员，你不是被动的“机器人”，你有自己的思想，你也是一个独立的个体，你有责任告诉自己该做什么，该怎么做。主动要求承担更多的责任或自动承担责任是优秀员工必备的素质。在大多数情况下，即使你没有被正式告知要对某事负责，也应该努力去做好。如果你表现出胜任某种工作，那么责任和报酬就会接踵而至。

勤奋、敬业、忠诚、主动精神是一个优秀的团队最需要的个人精神。有了这些，一个企业将战无不胜。而在实际工作中，我们很难找到能集这些精神于一体的人。员工总认为自己和领导只是一种商业交换关系，无须感激领导，甚至对领导抱有仇视心态，这是领导和员工之间矛盾紧张的最主要原因。事实上，勤奋、敬业、忠诚、主动并不是仅仅有利于你公司和领导的，其实真正的最大受益者正是你自己。

## 视服从为美德

在狼群中，当狼王确定以后，其余的狼总是听从它的领导，这便是狼群里的纪律。

服从可以说是一种美德。如果一个企业，没有严格的规章制度和严明的纪律，那么就好比是一盘散沙；“没有规矩不成方圆”，如果下属不服从上级，那么企业就会溃不成军，更谈不上竞争和生存。

就像一个足球队，有人踢前锋，有人当后卫，也有人做守门员，如果都去踢前锋，这个足球队必定会失败。所以，个人服从集体是集体事业成功的保证。

我们知道个人服从集体，必须做到服从集体安排，集体利益放在第一位，主动为集体着想，这样才是集体事业成功的保证。我们一起读雷锋的一句名言：一滴水只有放进大海里才能永远不干，一个人只有当他把自己和集体融合在一起的时候，才能有力量。

我们来看一看一位毕业于军校的将军给一位学员的父亲写的信：

“我们为什么要让这些孩子经受四年艰苦的教育？他们住在那些冷冰冰的兵营里，在上午9点30分之前是不能往垃圾桶里倒垃圾的，水池也必须始终干净，不堵塞。这么多的规定和规则，究竟是为什么？

“因为他们一旦毕业，将会被要求全无私心。在军队的这么长时间内，他们吃的苦，将在圣诞节时远离家庭，将在泥地上睡觉。这份工作要求很多的东西，让他们把自我利益放在次要地位——所以，他们必须习惯这样。

背上有痒也不能抓，这样做有什么好处呢？学员应该知道，军人就是要连背痒都能忍受得住。“假如一支部队里士兵都在左摇右晃地拼命抓痒，那么能称得上是训练有素的部队吗？”

服从的观念也同样适用于企业界。每一位员工都必须去服从上级的任意安排，就好像每一个军人都必须服从上司的指挥一样。大到一个国家和军队，小到一个企业还有小的部门，它们的成败很大程度上就取决于是否完美地贯彻了服从的观念。

我们都知道美国著名的西点军校，而服从，正是西点人观念中的美德。在西点军校，即使是立场最自由的旁观者，都相信一个观念，那就是“不管叫你做什么都照做不误”，这样的观念就是服从的观念。西点人自始至终都会认为，军人职业必须以服从为第一要义，不会服从，不养成服从观念，就不能在军队中立足。

喜欢足球的朋友都知道，德国国家足球队向来以作风顽强著称，因而在世界赛场上成绩斐然。德国足球成功的因素有很多，传统和技术是一方面，但更重要的是，德国队队员在贯彻教练的意图、完成自己位置所担负的任务方面执行得非常得力，即使在比分落后或全队困难时也一如既往，没有任何借口。你可以说他们死板、机械，也可以说他们没有创造力，不懂足球艺术。但成绩说明一切，至少在这一点上，作为足球运动员，他们是优秀的，因为他们身上流淌着执行力文化的特质。

现代企业中，服从应该成为每一个员工所必须具备的第一美德。没有员工的服从，企业任何绝佳的战略和设想都不可能被执行下去；没有员工的服从，任何一种先进的管理制度和理念都无法建立和推广下去；没有员工的服从，任何一个精明能干的领导都无法施展其才能。一个高效的企业必须有良好的服从观念，一个优秀的员工也必须有服从意识。因为上司的地位、责任使他有权发号施令，同时上司的权威、整体的利益，不允许部属抗令而行。一个团队，如果下属不能无条件地服从上司的命令，那么在达成共同目标时，则可能产生障碍；反之，则能发挥出超强的执行能力，使团队胜人一筹。

在服从中，需要把服从中的每一件事都做好。服从无小事。

在《没有任何借口》一书中有这样两个故事：美国标准石油公司曾经有一位小职员叫阿基勃特。他在出差住旅馆的时候，总是在自己签名的下方，写上“每桶 4 美元的标准石油”字样，在书信及收据上也不例外，签了名，就一定写上那几个字。他因此被同事叫作“每桶 4 美元”，而他的真名倒没有人叫了。公司董事长洛克菲勒知道这件事后说：“竟有职员如此努力宣扬公司的声誉，我要见见他。”于是邀请阿基勃特共进晚餐。后来，洛克菲勒卸任，阿基勃特成第二任董事长。

在开学第一天，苏格拉底对他的学生们说：“今天咱们只做一件事，每个人尽量把胳臂往前甩，然后再往后甩。”说着，他做了一遍示范。“从今天开始，每天做 300 下，大家能做到吗？”学生们都笑了，这么简单的事，谁做不到？可是一年之后，苏格拉底再问的时候，全班却只有一个学生坚持下来。这个人就是后来的大哲学家柏拉图。

在签名的时候署上“每桶 4 美元的标准石油”，这算不算小事？严格来说，这件小事还不在阿基勃特的工作范围之内。但阿基勃特做了，并坚持把这件小事做到了极致。那些嘲笑他的人中，肯定有不少才华、能力在他之上，可是最后，只有他成了董事长。还有一些人因为事小而不愿去做，或抱有一种轻视的态度。

把胳膊甩一甩，肯定也难不倒每一位学生，可就这么简单的事，却只有一个能做到。其实，这反映的是许多人的心态。但是，请看看吧，所有的成功者，他们与我们都做着同样简单的小事，唯一的区别就是，他们从不认为他们所做的事是简单的小事。

成功不是偶然的，有些看起来很偶然的成功，实际上我们看到的只是表象。正是对一些小事情的处理方式，已经昭示了成功的必然。无论是“每桶 4 美元”还是“把胳臂甩一甩”，它们都要求人们必须具备一种锲而不舍的精神，一种坚持到底的信念，一种脚踏实地的务实态度，一种自动自发的责任心。小事如此，大事亦然。

# 狼性团队

狼的自述：

当我们遇到敌人的时候，我们首先想到的就是用集体的力量来打败敌人。共同的事业，共同的斗争，让我们形成了忍受一切的力量。在自然界中，我们有时候就是主宰。

**合作就是最好的团队**

现代生活中，一个缺乏合作精神的人，不仅在事业上难有建树，更会很难适应时代发展的需要，很难在激烈的竞争中立于不败之地。越是现代社会，孤家寡人、单枪匹马，越难取得成功，越需要团结协作，形成合力。

当狼组成一个团队的时候，我们往往可以看到其强大的攻击能力。这时候，老虎、狮子都会对其退避三舍。古语有云："兄弟一心，其利断金。"可见，一个人的成功单靠个人的力量是不够的，只有拥有合作，才能有机会与成功相拥。

就算再伟大的球星，离开了集体的配合，单枪匹马，也是无法赢得比赛的；一支团结的球队，才能成为一个有机的整体，才能在比赛时密切合作，赢得最终的胜利。

更多时候的成功就是合作。曾经有一位天文学家用了 30 年时间精密观察行星的位置，积累了大量精确可靠的资料。但他是一个不善于理论思维和科学整理的人，未能有重大发现。临终前这位叫第谷的人将资料交给助手开普勒，并告诫他按这些资料编制星表。第谷的精确观察和开普勒的深刻研究相结合，终于把行星运动三大定律的发现给引了出来，天体运动的秘密也就这样被揭开了。如果没有当初的合作，行星运动三大定律从哪里来呢?

在中国历史上，"将相和"是一则有名的故事。当时秦国是强国，经常欺压弱国。公元前 283 年，秦王派使者到赵国，说要用 15 座城换赵国珍藏的宝贝"和氏璧"。"和氏璧"是一块极珍贵的玉。

赵王听到这个消息后，很是着急。在一个大臣的推荐下，他就派蔺相如去秦国交涉这件事。

蔺相如虽然在此时还没有得势，但他是一个相当有才能的人。他临

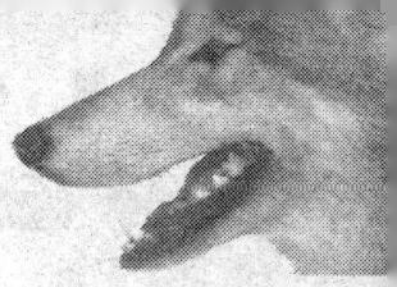

走时对赵王说："秦国交出城，我就把璧留在秦国；秦国不交城，我一定把璧完好地带回赵国。"

蔺相如很快就到了秦国见到秦王，秦王在拿到璧后，却根本就没有提城池的事。蔺相如看出秦王根本不想换城，急中生智，上前对秦王说："这玉虽然名贵，可也有点小毛病，很难看出，让我来指给大王看看。"

蔺相如拿到璧，就靠着一根大柱子，说道："大王派人到赵国说情愿以15座城换赵国的璧，可大王却没换城之意。如今璧在我手，大王若是逼我，我宁可把我的头和这块璧一起在柱子上碰碎！"

秦王心疼宝玉，怕他真摔碎璧，忙说："先生别误会，我哪能说了不算呢！"最后，秦王答应斋戒5日，然后举行一个接璧的隆重仪式。

蔺相如心知秦王不会用城换璧，就马上派人化装成商人将璧安全送回了赵国。

5天的时间很快就过了。秦王召集大臣和各国使臣举行了一个接璧仪式。蔺相如从容地上前说道："秦国一向不讲信义，我怕受骗，早已派人把璧送回赵国了。如果大王真心要璧，请先把15座城割让给赵国，赵国决不敢不把璧交出来。"

秦王无法，只得让蔺相如回国了。

公元前279年，秦王请赵王到渑池赴会，设下埋伏，想扣押赵王。蔺相如再次勇敢机智地对付秦王，保全了赵国不受屈辱。

立了大功的蔺相如被赵王拜为相国，地位在大将军廉颇之上。

廉颇是赵国的一代名将，他对手下人说："我是赵国大将，立了多少汗马功劳。蔺相如有什么了不起，倒爬到我上头去了。哼！我要给他颜色看看！"

他说的这话很快就传到了蔺相如那里。蔺相如出门，看到廉颇的车马迎面而来，他就叫自己的车退到小巷里，让廉颇的车马过去。蔺相如手下的人责怪他太胆小怕事。蔺相如说："秦王我都不怕，难道我会怕廉将军吗？我怕的是相国和将军不和，秦国知道了，对赵国不利！所以我宁愿容让老将军。"

廉颇是一位德高望重的大将军，虽勇武异常，却并非不讲理之人，他在听到了蔺相如的话后，就到蔺相如家里去请罪。从此，一文一武同心协力为赵国出力。赵国在一文一武的协力保卫下，国势很快就稳定了下来，强大的秦国对此也无法。但好景不长，蔺相如没过多久就病死了，赵国失去了最重要的谋士，很快就被秦国占据了上风，老迈的廉颇也失去了赵王的充分信任，最后闹出了"一食三遗屎"的无奈。

赵国的强劲离不开"将相之和"，每个人的成功其实离不开跟别人的合作，每一位成功者最爱说的一句话是："我能有今天，离不开大家的支持，成绩应归功于大家。"这是自谦之词，但同时也道出了成功的一条秘诀，生活中需要合作的事情太多太多，让我们牢牢记住这句话："合作就是力量"。

**服从就是赞美**

常言道："恭敬不如从命"，无论是在工作中，还是生活中。能让自己适时地服从，做人做事就会"畅通无阻"。特别是在工作中，谦恭地敬重领导，不如顺从领导的意志和命令。对高明的赞美者而言，服从是金，语言是银。这是由领导与下属的特殊关系决定的。

毋庸置疑，每个领导都喜欢听赞美的话，就连包拯也喜欢老百姓称他为"包青天"，但善于用语言来赞美领导的人却未必是领导最喜欢的下属，也未必能得到领导的信任和赏识。有些人在意平时对领导说恭维的话，也常常使领导感到开心，但关键时候却又顶撞领导的旨意，不同意领导的决策，不服从领导的命令。这类人可以说是语言上的巨人、行动上的矮子。

这是一种最不合时宜的称赞领导的策略。

不服从领导就是不尊重领导。中国人比较讲究实际，一个说得天花乱坠，干起来什么都不行的人很受歧视。领导是工作上的权威，很重视自身威信，下属的赞扬无疑是对领导的维护和尊重，但言行不一，不服从领导实际上就是无视领导的权威，损害领导的尊严。

如果上司错了，不要在众人面前指出。毕竟上司就是上司，需要维护其尊严与面子，古今中外皆然。即使一件公事的处理，碰巧是老板的错，他也应该拥有一定程度的被尊重，不可以下属摇晃着谁错谁就应该受到谴责的旗帜，而不为老板留情面，更不能事后对同事谈论老板的错误了，用嘲弄的口吻让流言四散传播，并用贬损老板的话来证明自己的聪明与正确。如果一定要让上司知道他的错误，你应该在适当的场合，适当的时间，私下找上司聊，谈谈自己的意见和看法。

作为下属，你要时刻铭记：老板是你最大的顾客。面对顾客，要像沃尔玛的经营理念一样，顾客永远是对的。假如你力争证明老板错了，那么你才是真正犯了大错。关于服从老板，有以下六原则应牢记于心：老板绝对不会有错；如果发现老板有错，一定是我看错了；如果我没有看错，一定是因为我的错，才让老板犯错；如果是老板的错，只要他不认错，他就没有错；如果老板不认错，我还坚持他有错，那就是我的错；总之老板绝对不会有错，这句话绝对不会错。

大家都知道这是一个笑话，写成这样子，主要是表示对老板的决定要支持、要服从。其实，这在工作中表现出的是一种进取精神。而一个员工的进取精神是他取得成就的前提条件。

作为一名普通员工连主动进取心、服从、主动自发的工作心态都没有，何时才有出头之日？卡耐基曾说过："有两种员工是根本不会成大器的：一种是除非别人要他做，不然打死也不主动做事的员工；另一种则是即使别人要他做，也做不好事情的员工。"进取是一种主动的精神。那些不需要别人催促，就会主动自发地去做自己该做的事，并且还不会半途而废的员工，就算自己是企业最低层的一名没人注意的普通员工到最后也会成功的，这种员工懂得要求自己多付出一点点，而且做的比别人预期的更多。

个人进取心，是员工实现自己目标必不可少的要素，它可以使你进步，使你受到注意并会给你带来机会。

## 荣誉感——团队的灵魂

狼与狼之间的默契配合是狼成功的决定性因素。几只分散了的狼在捕猎的时候会变成一个有序合作、有力量、团结的团队，它们都知道自己必须执行的任务，不论做任何事情，它们总可以依靠团体的力量去完成。为了实现集体的目标，它们可以完全牺牲自己。

我们学习狼的团队精神就要培育狼性团队的荣誉感。

一个没有荣誉感的团队也是没有希望的团队，一个没有荣誉感的员工不可能成为一名优秀的员工，在西点的《荣誉准则》里有这样一句话："每个学员都绝对不可以说谎、欺骗或者偷窃，也决不允许其他人这样做。"也正是因为荣誉感，让优秀者与那些至今仍没有做出什么成绩的人区分开来。

相同的，一个成功的企业中，每一位员工都会对自己的所在企业、对自己的工作有足够的荣誉感。事实上，每一个企业都应该对自己的员工进行荣誉感的教育，每一个员工也都应该唤起对自己的岗位和对公司的那种荣誉感，荣誉感是一个团队的灵魂。

我们可以这样试想一下，一个员工对自己所在的企业，对自己的工作没有荣誉感，那么想调动这个员工的积极性就非常困难。即便你有千万种规章制度或要求，他也不会把自己的工作做到完美，还会对某些要求不理解，或者认为是多余而觉得厌倦、麻烦。

每一个团队都应该对自己的成员进行荣誉感的教育，每一个成员都应该唤起自己的岗位和公司的荣誉感。如果一个成员对自己的工作有足够的荣誉感，那么他将会对自己的团队引以为荣，因此必会焕发出那种无比的工作热情。在争取荣誉，创造荣誉，捍卫荣誉，保持荣誉的过程中，我们个人也不知不觉地融入到了集体之中，从而获得更好的发展。

作为具体实施的项目经理，要积累相当多的经验并且进行认真的总结，例如：一个项目“一把手”的工程、高效先进的实施方法、明确的实施目标和范围、有效的计划控制与时间管理、不断进行阶段性的工作总结、必要的风险控制与应急措施等。其中非常重要的也是非常容易被忽视的就是“团队建设”，那么怎样才能建设一个成功的团队呢？

第一，考核与激励同在。

第二，增强团队整体凝聚力与个人成就感。另外，尽量多组织一些类似于团队拓展之类的活动，例如：跨越式高空断桥、挪汽油桶、野外求生、高空抓杠等，通过这些活动使大家认识到自信、信任集体、集体的智慧与团队的力量是自己无法想象的等。确实，通过这样的活动一方面使得每一个人增强了自信心、打消了挫折感，同时，团队也产生了强烈的凝聚力；另一方面，需要组织专人对高层领导的关注项目的进展、项目实施的艰辛、实施者的奉献精神，还有项目已经取得点点滴滴成果的诸多方面，在企业内进行大量而且广泛的宣传，这样可以使得企业内的所有人都能及时了解情况，同时还可以给予相应的支持，更重要的一点是，使得参与项目实施的人能够产生强烈的责任感与成就感。

第三，让项目组成员学会换位思考与角色转换，正确认识团队的战略意义。

团队的十大作用：

1. 有助于企业提高运行效率；
2. 有助于企业降低成本；
3. 有助于企业更好地面对变化；
4. 有助于企业创立优秀的企业文化；
5. 有助于企业更好地实施改善措施；
6. 有助于企业增加执行力；
7. 有助于企业更好地培养和发挥员工的能力；
8. 有利于激励员工；
9. 有利于对员工进行公正的考核；
10. 促进员工参与决策。

事实上，在中国的传统文化中，荣誉向来就是很重要的一个东西。不管是文人还是武士，绝大多数人都把荣誉看得比钱财重，更有甚者，还会把生命与荣誉并列。所谓“人过留名，雁过留声”，这当中说的名，就是一个人活在世上所获得的荣誉。这种荣誉，可以让一个人百世留芳。所以就有那些前仆后继的武士，在刀光剑影中发出了“为荣誉而战”的吼声。

荣誉感（feelingofhonor）也称名誉心理。一种追求光荣名誉的情感。库利（C. H. Cooley）称为“求荣誉”的心理；托马斯（W. I. Thomas）称为“求荣誉”的愿望。这是由个人自尊心、名誉感、光荣感、好胜心、自我感、集体主义情感组成的一种复杂的道德情操。例如，在社会生活中，人们总是愿意自己及所处的团体，比别人与别的团体更先进优秀，能受到众人的称赞、奖赏、仰慕等。荣誉感（包括个人和集体荣誉感）是使人积极向上，建立功勋的强大动力。但是，现实生活中，有的人因虚荣心作怪，个人的名誉感太强，也常会形成“沽名钓誉”的不良品质。

人活着，要有荣誉感，在为他人付出的同时，也收获了一种无价的荣誉。

## 木桶定律与团队精神

在狼群里，虽说有一些狼非常出众，但他们还是不忘合作精神，就算是再聪明的人，如果没有与别人的合作，没有别人的帮助，成就也只是空口而谈，成功也根本不可能。

“木桶定律”给我们启示：如果想提高水桶的整体容量，不是去加长那根最长的木板，而是要下功夫依次补齐最短的那块木板。

木桶定律可以让我们想到构成系统的各个要素的概念，就像是一个生产流程、一种商业运作模式、一个组织系统中的各个要素。这些都能够想象，如果在生产中少了一个流程或是某个流程不合格，那么生产出来也只会是废品一个。就算是一道好菜，各种佐料也是必不可少的，否则这道菜烧出来就不会那么可口了。

领导者在这个定律当中，就是让他们在管理过程中要下功夫狠抓公司的薄弱环节，如果不是这样的话，公司的整体工作也就会因此受到影响，人们常说“取长补短”，即取长的目的是为了补短，只取长而不补短，就很难提高工作的整体效应。

### 成功需要团结

很久以前，有一个大富翁，他有十五个儿子，每天不是争吵就是打架，谁也不会帮助谁。富翁看到这种情形，觉得很难过，他左想右想，有什么方法能让这几个儿子相亲相爱呢？直到有一天，富翁正在吃晚饭，他一边用筷子夹菜，一边就想出一个好方法来！是什么好方法呢？

富翁跑去买了一大把筷子，然后他把儿子全部叫了过来，富翁说："来！来！来！我给你们一人一只筷子，看谁可以把筷子折断。"儿子们全都笑着说："那有什么难的！"大家都把筷子折断了。富翁又拿出十五只筷子出来说："来！来！来！我看你们谁可以把十五只筷子一次折断！"

"我是老大，我先来！"大儿子拿起十五只筷子就开始用力折。"呼！呼！呼！"大儿子怎么折也折不断，"换下一个！"二儿子、三儿子、四儿子……十五个儿子全都试过了，可是没有一个儿子可以一次把十五只筷子折断！

"你们瞧！只有一只筷子的时候，谁都可以把筷子折断，可是当十五只筷子结合在一起，就不容易折断。你们要知道，筷子就像人的力量，一个人的力量很小，可是把很多人的力量结合起来，就非常厉害了！"富翁意味深长地说。

十五个儿子一听，都知道自己错了，以后再也不会每天吵架和打架！大家相亲相爱，互相帮助，全家人过的比以前更开心了！

这只是团结的一个小例子，却能说明很多问题。很好的把握团结，就会给自己增加一份成功的信心。人多才能产生真正的力量，这条定理已经被证明了很多次。

**法拉利成功的秘诀**

其实在许多的比赛当中，都会遇到各种各样的事情，就像是在 F1 的比赛当中，法拉利车队统治了 F1。

法拉利总裁卢卡·蒙泰则莫洛十分清楚他们成功的关键，那就是合作。在他个人的眼里，他认为是因为车队成员有长期的合作关系，他们合作得非常好，并且他们工作都十分努力。

当然对于比赛的结果也是非常值得庆幸的，虽说某个环节没有做得好，但是只要是参加了这个比赛，就像是蒙泰则莫洛一样，虽说自己没有拿到冠军，但是他仍然为车队的成绩感到十分高兴，而且他还盼望每个赛季都可以继续下去。

蒙泰则莫洛还说："我们的胜利很有意义，这要感谢团结和稳定的车队。现在要好好庆祝了，为了我们连续第 N 个车队冠军。"

曾有这样一个故事：十几个矮人族的伟大的长老们，来到了一座久无人烟的孤城，想了解人类的制作手艺。他们在城中观看了十几天，准备出城时，却找不到城门，他们被困在城中了。

他们急了，慌了，没办法了，准备等死时，他们找到了唯一的生路：要找齐散落在城中的守城石，并把它们镶入城中宫殿的 8 扇门中，城门就会出现。为了自己的生命，矮人们从一盘散沙中集合起来，他们分配好了任务，就分头去找守城石了。

守城石一颗颗集齐了，而矮人们的体力也一点点流失了。每一位矮人长老在看着守城石一颗颗找到，一颗颗镶上去，非常开心，他们的团结合作终于换来了他们集体求生的成功。

集体力量的获得有每个人的力量，更有大家的团结和谐。生活中人人在交往，许多事都是需要大家一起合作完成的。这些不只需要我们的能力、勤奋和努力，更需要大家取长补短。

当集体中的每个人都合作，那么我们就会换来一个伟大的成功——集体的团结。

# 狼性沟通

狼的自述：

我们品尝了胜利的幸福，体验了伴随着胜利而来的爱和负疚。不过，我们也为曾经降临在我们身上的悲剧而感到巨大的痛苦，因此我们相互珍惜，用自己撕破长夜的嗥声来震撼生命。

狼是最善交际的食肉动物之一。它们并不是依赖某种单一的交流方式，而是随意的运用各种手法。它们用嗥叫、用鼻尖相互挨擦、用舌头舔来支配从属的身体姿态，使用包括唇、眼、面部表情以及尾巴位置在内的复杂精细的身体语言或是利用气味来传递信息。

虽然听很多人说过狼的眼睛在黑暗中闪闪发光，但是大多数人可能并不知道狼的眼睛可以用于最敏感的交流。

## 企业沟通

一个企业也就相当于一个狼群，狼一样的沟通，使得成员之间可以有效地减少彼此的冲突。对于企业，有效的沟通可以把内部的矛盾化解为零，同样可以把上下、左右的关系调整到最佳的状态。如果想在残酷的竞争中立于不败之地，那么有效的沟通和交流就是最关键的因素之一。企业沟通之重要，我们可以先来看一个故事。

春秋战国时期，耕柱是一代宗师墨子的得意门生，不过，他老是挨墨子的责骂。有一次，墨子又责备了耕柱，耕柱觉得自己真是非常委屈，因为在许多门生之中，大家都公认耕柱是最优秀的人，但又偏偏常遭到墨子指责，让他面子上过不去。一天，耕柱愤愤不平地问墨子：“老师，难道在这么多学生当中，我竟是如此的差劲，以至于要时常遭您老人家责骂吗？”墨子听后，毫不动肝火：“假设我现在要上太行山，依你看，我应该要用良马来拉车，还是用老牛来拖车？”耕柱回答说：“再笨的人也知道要用良马来拉车。”墨子又问：“那么，为什么不用老牛呢？”耕柱回答说：“理由非常的简单，因为良马足以担负重任，值得驱遣。”墨子说：“你答得一点也没有错，我之所以时常责骂你，也只因为你能够担负重任，值得我一再地教导与匡正你。”

虽然这只是一个很简单的故事，不过从这个故事中，可以给企业的沟通管理一些有益的启示。假如耕柱没有和墨子进行沟通，而是一直沉闷下去，那么等待耕柱的可能就是一辈子的碌碌无为。而墨子也会失去一个非常有前途的学生，这就是沟通的巨大作用。

企业中，员工应该主动与管理者沟通。

优秀企业都有一个很显著的特征，企业从上到下都重视沟通管理，拥有良好的沟通文化。员工尤其应该注重与主管领导的沟通。一般来说，管理者要考虑的事情很多很杂，许多时间并不能为自己主动控制，因此经常会忽视与部属的沟通。更重要的一点，管理者对许多工作在下达命令让员工去执行后，自己并没有亲自参与到具体工作中去，因此没有切实考虑到员工所会遇到的具体问题，总认为不会出现什么差错，导致缺少主动与员工沟通的精神。作为员工应该有主动与领导沟通的意识，这样可以弥补主管因为工作繁忙和没有具体参与执行工作而忽视的沟通。试想，故事中的墨子因为要教很多的学生，一则因为繁忙没有心思找耕柱沟通，二则没有感受到耕柱心中的愤恨，如果耕柱没有主动找墨子的行动，那么结果会怎样呢？不言而喻啦！

企业中的管理者不应是高高在上地坐着，而是应该积极和部属进行沟通。

优秀管理者必备技能之一就是高效的沟通技巧，一方面管理者要善于向更上一级沟通，另一方面管理者还必须重视与部属沟通。许多管理者喜欢高高在上，缺乏主动与部属沟通的意识，凡事喜欢下命令，忽视沟通管理。试想，故事中的墨子作为一代宗师差点就犯下大错，如果耕柱在深感不平的情况下没有主动与墨子沟通，而是采取消极抗拒，甚至远走他方的话，一则墨子会失去一个优秀的可塑之材，二则耕柱也不可能再从墨子身上学到什么，也不能得到更多的知识了。对于管理者来说，“挑毛病”尽管在人力资源管理中有着独特的作用，但是必须讲求方式方法，切不可走极端，“鸡蛋里挑骨头”，无事找事就会适得其反，挑毛病必须实事求是，在责备的过程中要告知员工改进的方法及奋斗的目标，在“鞭打快牛”的过程中又不致挫伤人才开拓进取的锐气。从这个故事中，管理者首先要学到的就是身为主管有权利也有义务主动和部属沟通，而不能只是高高在上简单布置任务！

如果一个企业不重视沟通管理，大家都消极地对待沟通，忽视沟通文化的话，那么长期下去就会导致形成一种无所谓的企业文化。任何企业中都有可能存在无所谓文化，员工对什么都无所谓，既不找领导，也不去消除心中的愤恨；管理者也对什么都无所谓，不去主动地发现问题和解决问题，因此大家共同造就了企业内部的“无所谓文化”的企业文化。在无所谓文化中，员工更注重行动而不是结果，管理者更注重布置任务而不是发现解决问题。试想故事中耕柱和墨子如果两者都认为一切都无所谓，耕柱心中愤恨不去主动积极找墨子沟通，墨子感觉耕柱心有怨言，也不积极主动找耕柱交谈以打消其不满的情绪，那么故事的结局想必很明显吧？墨子没有优秀的学生，其学问不可能产生深远的影响。耕柱呢？也就只可能是一个很普通的学生，心中愤恨日久生怨，说不定还会做出很极端的事情。

而打破企业无所谓文化的良方就是加强沟通危机防范。提高企业的经营业绩，提高所有员工的工作满意度，就应该在管理者与部属之间建立适当的沟通平衡点。如果管理者和部属没有沟通意识，就必须创造一种环境，让他们产生沟通愿望，而不能让他们麻木不仁，不能让他们事事都感觉无所谓。企业内没有沟通，就没有成功，也就没有企业的发展，所有的人也就会没有在这个企业中工作的机会。

深圳华为老总任正非的《华为的冬天》震撼了业界。任正非给我们说了几句非常有用的话："十多年来我天天思考的都是失败，对成功视而不见，也没有什么荣誉感、自豪感，而是只有危机感。也许是这样才存活了十年。"

而更成功的海尔老总张瑞敏说得也是这类的一些话："我每天的心情都是如履薄冰，如临深渊。"企业从上到下都应该重视沟通管理，主动进行沟通危机防范。任何一个企业最需要具备的，就是沟通管理的危机感和真正抓好沟通管理的勇气。

企业的沟通无疑是双向的，长期的合作必然会带来很多负面影响，而这些不必要的误会完全可以通过沟通来消除。

沟通是双方面的事情，如果一方积极主动，而另一方消极应对，那么沟通是不会成功的。试想故事中的墨子和耕柱，他们忽视沟通的双向性，结果会怎样呢？在耕柱主动找墨子沟通的时候，墨子要么推诿很忙没有时间沟通，要么不积极地配合耕柱的沟通，结果耕柱就会恨上加恨，双方不欢而散，甚至最终出走。如果故事中的墨子在耕柱没有来找自己沟通的情况下，主动与耕柱沟通，然而耕柱却不积极配合，也不说出自己心中真实的想法，结果会怎样呢？双方并没有消除误会，甚至可能使误会加深，最终分道扬镳。

所以，加强企业内部的沟通管理，一定不要忽视沟通的双向性。作为管理者，应该要有主动与部属沟通的胸怀；作为部属也应该积极与管理者沟通，说出自己心中的想法。只有大家都真诚的沟通，双方密切配合，企业才可能发展得更好更快！

沟通是每个人都应该学习的课程，提高自己的沟通技能应该上升到战略高度。我们每个人都应该高度重视沟通，重视沟通的主动性和双向性，只有这样，我们才能够进步得更快，企业才能够发展的更顺畅、更高效。

## 善于沟通

狼的沟通交流能力应该是毋庸置疑的，而擅长观察也是狼族的沟通秘诀。不管是在攻击还是被袭时，它们都会自觉地观察着同伴的眼神和肢体上的语言，倾听着同伴的嗥叫，洞察敌方的意图，以期和同伴达成战略上的一致共识。

现代社会，沟通变得越来越重要，每一个成功或者想要成功的人都把沟通作为第一项重点来抓。有效的沟通是成功的通行证，而所谓沟通，有两个含义，一个是真实的诉说，一个是理解的倾听。对于一个团队来说，有效地沟通能够减少彼此之间的冲突，能够把内部的矛盾化解到最小，把团队的力量调整到最佳状态。要想在残酷的现实社会中生存并得到发展，沟通、交流是关键因素之一。

一个团队在一起时间长了之后，它的矛盾就像是一个大气球，越来越大是必然的。这个矛盾是必然要解决的，因此必须在达到爆炸的极限前，适当地释放空气，以避免矛盾的激化。虽然这样的事情，每个人都非常清楚，但正是这种大家都知道的事，却又常常被人们所忽视。在团队中必须懂得运用沟通的方法，保证来自其他成员最大程度的合作，拒绝沟通，也就意味着拒绝同他人合作。善于沟通的人，用自己的真诚和诚意换取他人的支持与信任，在诉说与倾听的同时，拉近了与对方的距离，心往一处想，劲儿才可能往一处使；而不善于沟通的人，在自我沟通崩溃的同时，也已经损害了与外界沟通的方式，本身带有一定的排斥、抵触情绪，又何谈与他人合作。

在社会上有很多“怀才不遇”的人，他们都非常有实力，但却最终没能成就一番事业。其原因就是他们不善于沟通，不能最大限度地发挥团队的积极性。愿不愿意与人合作是基本素质问题，而善不善于与人合作则是能力水平问题。一个团队要想朝着明确的目标发展，就需要一支高效的队伍做后盾。当然，沟通不是命令。在合作时要让每一个成员意识到，他们并不是独立割裂的，相互之间是一个利益整体；要营造一种能够激发成员创造性和培养成员归属感的氛围；如果不能达到心甘情愿的合作状态，那么，结果将大打折扣。

我们身处这个社会急剧变化的时代里，人与人沟通的机会越来越少，因此在我们的生活中，应该拿出很大一部分的时间花在与人的沟通上面，有了良好的沟通与协调，行事才不会窒碍难行。

沟通是需要真诚的，是需要对话的，失败的沟通就是不真诚的说话，不说心里话。这就说明沟通应该是理解的、聪明的、巧妙的诉说和倾听。沟通的方式、方法都直接关系到团队能否健康、和谐的发展。团队要生存，要发展，就必须要学会沟通，善于沟通。

沟通是团队建设和营造良好团队外围环境的重要手段，也是考核团队生命力的一项重要指标。要学会沟通，要重视沟通，要勤于沟通，要善于沟通，用沟通创造和谐，也许每个人都会讲，但真正沟通起来就不是那么容易的了。不管怎么样，让团队所有成员的声音变成团队共同的声音，让团队所有成员的智慧变成团队共同的智慧，这样的团队才能成为一个紧密的团队，这样的团队才有永远不息的生命力。

狼是动物界不必争议的沟通之王。而且这个沟通之王是最具社会性的肉食性动物，它们的沟通形式相当多元化，狼族使用每一种它们能够运用的方式：长吠、鼻触、舔，采取各种姿势，例如支配或屈服的姿势；使用错综复杂的身体语言，包括嘴唇、眼睛、脸部表情，以及尾巴的位置；或者使用气味留下信息。

有许多人都听说过狼的眼睛会在黑暗中发光，但是大部分人却不知道它们的眼睛是最敏锐的沟通工具。狼族利用眼睛肌肉的细微运动，如改变瞳孔大小，可以表达惊讶、恐惧、愉悦、理解以及其他情绪。

当狼族发出友善、开放的讯号时，它们会凝视下方或是移开视线，当它们在轻松和愉悦的状态或想玩耍时，你会看到它们表现出开放、不在乎，完全是一种“来点乐子吧”的态度。

因为狼一直面对生与死这两种极端的环境，因此有效的沟通关系到狼族的生存。攻击时，情况瞬息万变，狼族利用复杂的沟通习惯，持续调整其攻击策略与计谋，以达到目的。

对狼族来讲，沟通的艺术也就是专注，对任何沟通形式都予以留意，特别是肢体语言。它们的观察力非常敏锐，狼族善于利用它们敏锐的观察力，对周围任何事物最细微的变化都不会放过，换句话说，只要是被狼盯上的动物，它们的任何一举一动都不会逃过狼群的法眼。

当一个已成年的狼要与幼狼沟通时，为了表达与小狼地位平等，并让幼狼勇于表达自己，不致因害怕而畏缩，它会低下头来，亲切示好。事实上，它是说：“好！虽然我是大家伙，但我和你是没啥两样的，我了解，我是和你在一起的，我们都是同一族的成员。”

在没有“信任”下的“沟通”，有时候则是有用的，但是，信任却必须完全建筑在清楚的沟通之上，包括家庭及其他组织都需要通过开放的沟通来解决问题。不开放、不坦诚的沟通，只会使得问题更加恶化。狼很少互相攻击，置对方于死地，这其中有一个相当重要的原因，就在于它们彼此之间具备有效且清楚的沟通能力和方法。

人类真的能够努力发展，并使用如狼一般的沟通技巧，来避免许多人类社会中的冲突、误解及失败。

我们每天都有很多工作要做，如何做好每一件工作就要看这件工作的性质，如果这件工作是你职权范围内的，而且每天都在做的工作，就要没有任何借口地按照规章制度去做，保质保量地完成工作任务。如果这件工作比较特殊，有原则性，就要做好沟通工作。

**要善于沟通**

所谓的沟通也就是指员工之间通过交换意见，彼此消除隔阂和误解，增进了解和感情。沟通是一个人成功和干事业的重要基础。

沟通是一种领导协调艺术。矛盾对每一个人来说都会出现。由于个体的差异、思维方式和习惯不同，难免产生矛盾和隔阂。如不及时沟通化解，就会逐渐结成疙瘩，酿成矛盾，造成天天见面人很熟，内心深处一堵墙。只有在工作上沟通，才能加强协调，形成合力；在生活上沟通，才能做到员工间相互关心和理解；在思想上沟通，才能消除误解，统一对问题的认识；在感情上沟通，才能增进友谊和感情。然而，有一些员工不善于沟通，他们只和那些和他们意见一样的员工沟通，对与自己意见不一致的员工互不来往，整天别别扭扭的；有的对关系亲近的人敞开心扉、无话不说，对其他员工紧闭尊口，寡言少语，不与其交流；有的只注重工作上的沟通，忽视感情交流和思想沟通。时间一长，员工之间就会产生隔阂，甚至发生不团结。

缺乏沟通，原因有很多方面。有的人总自以为是，认为真理在我方，没有必要向别人低三下四去交流；有的认为，天天见面，情况清、问题明，无须搞这种多余的“烦琐哲学”。有的人心里老装着一个“怕”字，顾虑重重：交换意见时怕吐露心曲，丢面子；讲了实情，怕别人抓住问题不放；暴露问题，怕带来“后患”和“麻烦”。其中还有一个比较重要的原因，那就是有的员工认为沟通不起作用，解决不了问题。这里的关键是，总是把沟通这个重要的事情不放在心上。

一个人是否做好沟通这项工作，这也是对一个人事业心、责任感的具体考验。沟通不是搞庸俗关系学。首先，沟通是建立在原则基础之上的，成员之间的团结问题，不能搞无原则的一团和气，更不能搞那种为私利而相互勾结，见利而争先，利尽而交疏的“朋党”行为。只有建立在事业奋斗的共同理想基础上的沟通，才能真正搞好团结。其次，沟通贵在真诚，不能有虚情假意，一味迎合，吹吹捧捧。对同事的错误、过失和不足，要有一颗真诚的心、兄弟般的情，看到同事的缺点和毛病，要及时给予指出，真心实意地帮助同事认识不足，总结经验，达到互帮互助的目的。这样做才可以做到真正的沟通一次，增加一份感情，提高一步觉悟。再次，沟通重在思想。同事之间，不能只是人天天见面，而思想上老不见面。人们常说：思想不沟通，感情难交融。要通过思想的沟通打牢感情基础，在工作上互帮，决策时互补，生活上相互关心。沟通还要坚持经常。要做到经常沟通，越是在工作忙的时候，越要注意随时谈心交心，沟通人们的思想，不断增强人们的凝聚力。

作为一个工作人员，有时也要和主管进行沟通，他们有表达自己对管理层、对企业看法的权利和需要，他们试图以此来影响别人，以此来影响企业的决策和运作。这就构成了企业当中的沟通与交流对员工激励的重要意义。同时，企业与员工是互动的，企业的整体气氛、企业的远景都构成对员工的激励。现代的企业观念已经不再把企业仅仅看成是工作的场所，它更代表员工的一种生活方式、生活场景，在这种方式与场景中员工获得个人的发展与完善，实现个人价值与理想。这也就构成了企业环境激励员工的另一方面。

人们之间依靠沟通传达信息，激励的每一个因素都必须与沟通结合起来，没有沟通就没有激励。企业中各级员工都是信息沟通链上的重要环节，信息在企业内上下传递，既直接又迅速，员工对企业的目标、政策、指令及实际的经营状况十分了解，这样的企业肯定士气高昂，员工积极性得到极大的激发。

做到更好地沟通时要注意：有事要与员工沟通时，首先自己要对沟通的内容十分清楚。可以先和核心员工磋商，让他们参与发言。要充分听取员工的意见和建议，不要害怕承认自己考虑不周，建立汇报体系等。

要做到正确有效地倾听，要理解别人向自己传递的信息，善于用身体语言表示对别人的信息感兴趣。要集中注意力听别人所说的内容，要探究信息的实质。交谈结束后，要在心中作个总结。

同时，还要做到有艺术地回答问题。要倾听问题的来龙去脉，了解自己以及下属员工的工作，事先预测员工可能回答的问题，在回答问题之前先仔细思考，不要替其他部门说话，不要有意提供虚假信息。要仔细听取反对意见，对提反对意见的员工持友好态度，根据自己的理解复述反对意见，写下反对意见，把合理关注和抵制变革区分开来。不要回避或以半真半假的方式解决问题。

**平等的沟通**

如前面提到，一只成狼遇到一只小狼的时候，为了表示对小狼的友好和平等地位，会让小狼吠出声音来，它则会低下头来。事实上，它是在说："好！虽然我是大家伙，但我和你是没什么两样的，我们都是同一族的成员。"

假如一家公司的管理层所有人员，都可以降下身段，公司的员工离职率也一定会降低。美国 DAHON 企业的总裁韩德玮博士在这方面就做得非常出色，他一到中国的分公司不论有多忙，他都会找员工到办公室或一些娱乐场所聊天，哪怕是面对满身油腻的车工，只要是公司的一分子，他都一视同仁，提供与大家沟通的平台。当了解到员工的所需所求，听到员工的真实声音之后，韩博士便耐心地去为他们办实事，这种爱才惜才的举动，让全公司的每一个员工为之敬佩，致使员工十几年都不愿离开公司，甚至有的员工连跳数次槽后，还是觉得这个公司好，又要求回到原工作岗位。由此看来，DAHON 公司的折叠自行车之所以畅销欧美 30 多个国家，一举成为行业的领跑者，这和公司管理层的有效沟通从而留下这批老员工有非常大的关系。

众所周知，现在是一个沟通的时代，目前绝大多数企业的高级管理层能与员工平等沟通的很少见，有的员工在公司里辛勤工作数年，甚至连老板的面都没见过，更谈不上什么沟通了。这种上层听不到下层的声音，下层难以向上层反馈，便造成了许多的误解和隔阂产生，久而久之，就影响了绩效。不过，企业的成功与否，往往就是取决于不同的专业人员间，能不能有效地分享其经验与心得。总而言之，断层式的沟通在企业的运作中应该尽量避免，这是能否留住人才的关键所在。

通用电气公司首席执行官杰克·韦尔奇说："作为一个企业的领头人，如果在整个企业中只能听到他一个人的声音，那么他就已经失败了。"沟通是团队建设和营造良好企业外围环境的重要手段，也是考核领导能力高低的一项重要指标。要重视沟通，要勤于沟通，也许每个人都会讲，但真正沟通起来又不是那么容易了。希望每一个管理者学会沟通，善于沟通，用沟通创造和谐，做一匹出色的"头狼"！

## 沟通交流，更好地合作

狼是自然界最善于交流的动物之一。对狼来说，交流的艺术在于密切注视各种各样的交流方式，狼之间复杂精细的交流系统使它们得以不断调整战略战术，以获得成功。

对于狼群来说，交流沟通就是它们生存的保障。狼群有着严格的社会组织和等级制度，它们是世界上最团结的动物，所有这些都要求它们有完善的沟通系统。这也正是狼群生存的优势。

生活中需要沟通，企业中更需要沟通，说沟通是企业生存的一大重要关键不为过分。因为在一个企业中，作为一个员工，每天都要上班，与之打交道最多的是其所在的团队，而不是庞大的企业整体。相对于整个企业来说，团队内员工的技能互补性更强，任务的完成更需要彼此之间的密切合作，因此，员工在团队内的重要性更为明显，其团队意识也就更强烈；那么，一个优秀的员工，必是一个善于交流沟通，懂得合作的员工。

如果在一个企业中，一个人敷衍了事，两个人互相推诿，三个人则永无成事之日。多少有点类似于“三个和尚”的故事。

邦尼人力定律：一个人一分钟可以挖一个洞，六十个人一秒钟却挖不了一个洞。合作是一个问题，如何合作也是一个问题。

作为团队的一名成员，仅有良好的愿望和热情是不够的，在做事之前，大家要进行充分的交流与协商，明确每个人的任务，这样才能把大家的力量形成合力，发挥团队的最大作用。这是狼性员工团队意识的一个表现。这样的事情，在狼性员工的团队里，是不会出现的。

美国著名的节目主持人林克莱特一天访问一名小朋友，问他说：“你长大后想要当什么呀？”小朋友天真地回答：“我要当飞行员。”林克莱特接着问：

“如果有一天，你的飞机飞到太平洋上空所有引擎都熄火了，你会怎么办？”小朋友想了想说：“我会先告诉坐在飞机上的人绑好安全带，然后我挂上我的降落伞跳出去。”当现场的观众笑得东倒西歪时，林克莱特继续注视这孩子，想看他是不是自作聪明的家伙。没想到，孩子的两行热泪夺眶而出，这才使得林克莱特发觉这孩子的悲悯之情远非笔墨所能形容。于是林克莱特问他说：“为什么要这么做？”小孩的答案透露出一个孩子真挚的想法：“我要去拿燃料，我还要回来！”

从上面的这个故事中我们可以得出，沟通中其实存在很多误区，一个不小心，就会做出让自己后悔的事来。在沟通中，你真的听懂对方的话了吗？你是不是习惯性地打断别人的话？我们许多人都会犯这样的错误：在对方还没有来得及讲完话前，就按照自己的经验打断别人，大加评论和指挥。这样的沟通肯定是没有效果的。

交流沟通是我们生活中最重要的工作方式，一切工作的顺利完成都是建立在人与人之间有效沟通的基础上的。

沟通其实包括几个方面，大致是传达、倾听、协调，这些都是个人及团队的领导者必须具备的基本素质。

一个人也可以通过暗示来与他人沟通，或者通过身体语言、姿势语等非语言方式进行沟通，轻拍对方的肩膀会比十几句称赞的话表达得更直接和更有意味。

沟通不仅是领导者个人能力、魅力的体现，也必须是每一员工应该做到的。如果员工之间不沟通交流，只有领导在唱“独角戏”，又有什么意义呢？因此，一个优秀的员工，要懂得人的能力有大小，人各有所长，只有密切合作，取长补短，才能构成合理的完整集体。那么，就必须树立团结合作的意识，只有这样，才会创造出更大的成功。

著名的微软总裁比尔·盖茨认为：“团队合作是一家企业成功的保证，也是个人成功的前提。”因此，一个优秀的员工必须树立合作的意识。

应聘微软的必要条件就是，在工作中，要善于与人合作。

美国微软开发 Windows XP 时有 500 名工程师奋斗了 2 年，有 5000 万行编码。软件开发需要协调不同类型、不同性格的人员共同奋斗，缺乏领军型的人才、缺乏合作精神是难以成功的。

不仅仅是微软重视团队合作，无论是哪个企业，在招聘员工时，都把能否“崇尚团队合作”当作一个重要的衡量指标。不能与同事友好合作，没有团队意识的人，即使有很好的能力，也难以把自己的优势在工作中淋漓尽致地发挥出来，不但难以引起老板的关注，也难以在职场立足。所以，要想成为一个好员工，就必须有合作的意识，要像狼群那样团结成为最优秀的团队。

在美国，一家全球 500 强的大公司在一次招聘高层管理人员时，9 名优秀应聘者经过初试，从上百人中脱颖而出，进入了由公司老总亲自把关的复试。

老总看过这 9 个人详细的资料和初试成绩后，相当满意。但此次招聘只录取 3 个人。因此，老总给大家出了最后一道题。

这 9 个人被随机分成甲、乙、丙三组，指定甲组的 3 个人去调查本市婴儿用品市场；乙组的 3 个人调查妇女用品市场；丙组的 3 个人去调查老年人用品市场。

老总对他们 9 个人说：“我们录取的人是用来开发市场的，所以，你们必须对市场有敏锐的观察力。让大家调查这些行业，是想看看大家对一个新行业的适应能力。每个小组的成员务必全力以赴！”临走的时候，老总补充道："为避免大家盲目开展调查，我已经叫秘书准备了一份相关行业的资料，走的时候自己到秘书那里去取！"

两天后，9个人都把自己的市场分析报告送到了老总那里。老总看完后，站起身来，走向丙组的3个人，分别与之一一握手，并祝贺道："恭喜3位，你们已经被本公司录取了！"然后，老总看见大家疑惑的表情，呵呵一笑，说："请大家打开我叫秘书给你们的资料，互相看看。"

原来，每个人得到的资料都不一样，甲组的3个人得到的分别是本市婴儿用品市场过去、现在和将来的分析，其他两组也类似。

老总说："丙组的3个人很聪明，互相借用了对方的资料，补充了自己的分析报告。而甲、乙两组的6个人却分别行事，抛开队友，自己做自己的。我出这样一个题目，其实最主要的目的，是想看看大家的团队合作意识。甲、乙两组失败的原因在于，他们没有合作，忽视了队友的存在！要知道，团队合作精神才是现代企业成功的保障！"

世界著名的肯德基企业之所以成功，经验之一就是有一支优秀的团队。

个人一定要融入到整个团队中去，个人是渺小的，只有团队发展了，个人才能发展。

在微软任何一个部门中，都有这样一句名言：没有永远的老板与员工。老板与员工在一起，不仅是一起工作，更是在一起分享成功与失败、快乐与悲伤。这使得微软人的团队意识非常强：成败皆为团队共有；大家互教互学；互相奉献和支持；遇到困难互相鼓励，及时沟通；靠团体智慧；承认并感谢队友的工作和帮助；甘当配角。这样具有强烈意识的高素质的团结、协作的集体，形成了积极、向上的士气，这种士气使得微软人在面对一切挫折时都勇于抗争，势不可挡。这也许就是微软永葆青春的奥秘。

比尔·盖茨认为，团队中的每一个人都是一样重要，当他们具有团队精神时，就能共同为一个卓越的目标全力以赴。

任何公司的发展和壮大，都依赖员工的有效合作。他们在做一个项目时，所有关键人物都能团结合作，最终目标就是让一个小组发扬公司的最佳思想，然后就像一个积极性很高的一个人一样，目标一致、全力以赴地行动。

那种"只顾自己、不顾集体"的员工，是不受老板和同事欢迎的。优秀的员工应该具有良好的团队合作精神，能与其他员工团结、合作、互助，努力去实现企业的奋斗目标。一名优秀的员工应该明白团队合作精神对实现企业目标的重要性。

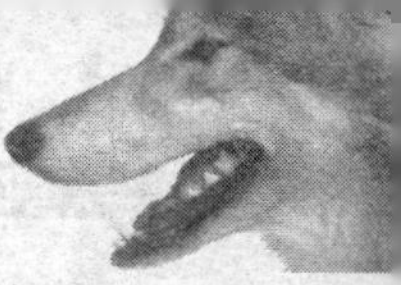

在一个企业里，几乎没有一件工作是一个人能独立完成的，大多数人只是在高度分工中担任一部分工作。只有依靠部门中全体职员的互相合作，大家齐心协力，为一个共同的目标全力以赴，才能成就一番事业，最后取得成功。

## 沟通交流，密切合作

狼不仅与同类密切合作，还可以与其他种类的生物和睦相处，这样做有时可以达到双方合意目标，有时便可从中取乐，丰富生活。沟通就是传达、倾听、协调，是团队的领导者必须具备的基本素质。

大凡生活中善于观察的人都知道，猫和狗是仇家，见面必掐。其实，阿猫阿狗们之所以为敌，是因为语言沟通上出了点问题。比较明显的是：摇尾摆臀是狗族向伙伴示好的表示，而这一套“身体语言”在猫儿们那里却是挑衅的意思；反之，猫儿们在情绪放松表示友好时，喉咙里就会发出“呼噜呼噜”的声音，而这种声音在狗听来就是想打架。结果，阿猫阿狗本来都是好意，却是猴子吃麻花满拧。但从小生活在一起的猫狗就不会发生这样的对立，原因是彼此熟悉对方的行为语言含义。所以熟悉对方语言，进行有效沟通十分重要。

企业的员工千差万别，对于管理者来说，成功的管理就是要善于同各种类型的员工打交道，其根本就是企业管理者准确掌握员工的语言与行为方式。人类的所有语言都不像猫和狗那样，这是完全不同的两回事，若企业管理者能做到利用员工的语言去与他们打交道，就能轻而易举地突破沟通障碍，减少许多不必要的管理麻烦。

### 企业成功源于沟通

美国沃尔玛公司总裁萨姆·沃尔顿曾说过：“如果你必须将沃尔玛管理体制浓缩成一种思想，那可能就是沟通。因为它是我们成功的关键之一。”

沟通就是为了达成共识，而实现沟通的前提就是让所有员工一起面对现实。沃尔玛决心要做的，就是通过信息共享、责任分担实现良好的沟通交流。

沃尔玛公司总部设在美国阿肯色州本顿维尔市，公司的行政管理人员每周花费大部分时间飞往各地的商店，通报公司所有业务情况，让所有员工共同掌握沃尔玛公司的业务指标。在任何一个沃尔玛商店里，都定时公布该店的利润、进货、销售和减价的情况，并且不只是向经理及其助理们公布，也向每个员工、计时工和兼职雇员公布各种信息，鼓励他们争取更好的成绩。

沃尔玛公司的股东大会是全美最大的股东大会，每次大会公司都尽可能让更多的商店经理和员工参加，让他们看到公司全貌，做到心中有数。萨姆·沃尔顿在每次股东大会结束后，都和妻子邀请所有出席会议的员工约 2500 人到自己的家里举办野餐会，在野餐会上与众多员工聊天，大家一起畅所欲言，讨论公司的现在和未来。为保持整个组织信息渠道的通畅，他们还与各工作团队成员全面注重收集员工的想法和意见，通常还带领所有人参加“沃尔玛公司联欢会”等。

萨姆·沃尔顿认为让员工们了解公司业务进展情况，与员工共享信息，是让员工最大限度地干好其本职工作的重要途径，是与员工沟通和联络感情的核心。而沃尔玛也正是借用共享信息和分担责任，适应了员工的沟通与交流需求，达到了自己的目的：使员工产生责任感和参与感，意识到自己的工作在公司的重要性，感觉自己得到了公司的尊重和信任，积极主动地努力争取更好的成绩。

沟通的管理意义是显而易见的。如同激励员工的每一个因素都必须与沟通结合起来一样，企业发展的整个过程也必须依靠沟通。可以说，没有沟通企业管理者的领导就难以发挥积极作用，没有顺畅的沟通，企业就谈不上机敏的应变。

**不可轻视信息沟通**

从某种意义上讲，沟通已成为现在员工潜意识的重要部分，是员工激励的重要源泉。重视每一次沟通所产生的激励作用，企业管理者会发现对员工的最大帮助就是心存感激。“士为知己者死”，企业管理者的“理解、认同”的“知遇之恩”也必将换来员工的“涌泉回报”。

作为一名企业管理者，要尽可能地与员工进行交流，使员工能够及时了解管理者的所思所想，领会上级意图，明确责权赏罚。避免推卸责任，彻底放弃“混日子”的想法。而且，员工们知道的越多，理解就越深，对企业也就越关心。一旦他们开始关心，他们就会爆发出比平时多出数倍的热情和积极性，形成势不可挡的力量，任何困难也不能阻挡他们。这正是沟通的精髓所在。

如果企业管理者不信任自己的员工，不让他们知道公司的进展，员工就会感觉自己被当作“外人”，轻则会打击员工士气，造成部门效率低落；重则使企业管理者与员工之间，形成如阿猫阿狗样的相互不信任的现象，产生严重隔阂，无法达成共识。当然，管理中的沟通误会，并非都出自企业管理者与员工之间的隔阂，缺乏共同的沟通平台，往往也

会造成沟通误会。

由此可见，理解、认同、适应对方的语言方式和行为习惯，是强化管理沟通最基本的内在条件。

**正确理解沟通含义**

这里所言的“理解、认同和适应”是以保持个人风格为前提的，并不是让企业管理者变成一个“千面人”，那样企业管理者就等于失去自我。客观地讲，所谓“理解”“认同”，只是说企业管理者在管理中不要以自我为中心，认为自己的行为才是好的，老是习惯于用自己的观点和习惯去衡量、评判员工。当然，这也不是说为与员工达成共识，企业管理者必须违心地认为对方百分百地正确。有时候，所谓“认同”，就是一种换位思考方式。通过换位思考，站在员工角度考虑问题，企业管理者可能忽然间发现“哦，原来他们是这个意思。”有了这层理解和认同作为沟通基础，哪怕管理者与员工间的语言方式和行为习惯差异再大，相信企业管理者也能自然适应并接受。

正如《圣经》所言：“你愿意他人如何待你，你就应该如何待人。”事实证明，这条不论过去、现在或将来都适用的人生准则，对于必须与员工相处的企业管理者来说，不仅是一条再完善不过的管理行为准则，也是管理上最适用的一把沟通“钥匙”。说简单一点，就是换位思考、“对等沟通”。

与“理解、认同和适应”相反，“本位观念”和“歪曲理解”是管理沟通的两大主要障碍。这两个障碍的存在，常使得企业管理者对管理工作产生认识上的偏差，对员工的语言表达或行为体现，总以敏感的、对立的，甚至恶意的意图给以曲解，有意识无意识地拒绝沟通延伸，难以做到换位思考，不能实现有效沟通。

每个人都能从狼的眼睛里读出不同的东西，孤独、寂寞、渴望或者其他的情绪。其实，眼睛是狼群最有效的沟通工具。狼可以通过改变瞳孔的大小来表达愉快、同情、恐惧、惊奇以及其他一些情绪。

当狼群与自己的孩子交流时，它们表现了慈祥的一面，根本不去计较什么辈分，它们要让幼狼感觉到平等。这时，幼狼会爬到它们身上，甚至与它们厮打，无论幼狼做什么过分的举动，它们也不会生气。这正是它们的沟通带来的最好教育。

# 狼性智慧

狼的自述：

我们并不否认老虎和狮子的强大，但是个体的强大并不能代表真正的强大。狮子太过于凶残，老虎有时候又太仁义……

而我们的家族却避免了它们的种种缺陷，目光敏锐，勇猛顽强，善于计谋，有江湖上的霸主之实，这也绝非浪得虚名。

我们都知道，团队精神就是狼性的最本质体现，群狼就像是一家公司，而每一家公司都恰似一条船，每个人都应做好掌舵的准备。全体船员中没有哪位会因为其是个性突出的划桨者而大受嘉奖。正是个人对集体的努力奉献，使一个团体运转、一家公司运转、一个社会运转、一种文明运转。团队精神不是靠高谈阔论和深奥的推理得来的，而是将态度、共同的目标和经验融于一体并付诸实践的结果。

这就是智慧，而狼的智慧是人类无法想象的。在遇到问题时，它们会先进行一番理性的思考，然后再采取相应的行动，做到三思而后行，以达到行动的最终目的。也就是说，它们是绝对冷静的，在冷静下来后，它们就会变得更加理性。所以，它们总是会成功，而且这样的成功往往都是最好的成功。

狼的理性有时具有让人恐惧的震撼。

狼性的智慧足以和最具智慧的人类相比。

## 欲擒故纵

狼群为实现目标所使用的策略是不断变化的。它们有时会使用特别复杂的战术来捕杀猎物。

一个由八只狼临时组成的猎捕麝香牛群的团体，正在驱赶着牛群往高地平台上奔逃，当这群麝香牛到达高地顶端的时候，它们就会被两只看起来铁石心肠且不带感情的狼挡住去路，这些麝香牛惊慌失措地开始四处奔逃，从而失去了群体的保护性。

而正当这群麝香牛四处惊慌奔逃之时，六只狼早已扑向那些虚弱而且无法受保护的麝香牛，有一只狼紧跟在后面，还有另一只狼在前头，

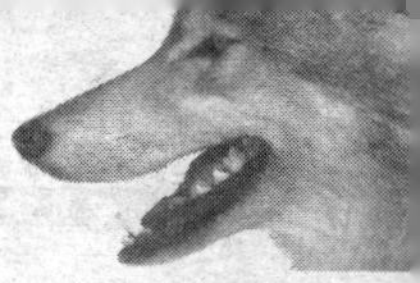

其他的狼则来到空地，搏斗迅速结束了。

这些麝香牛一向都太过依赖群体的保护，又没有充满技术性的攻击计划。和麝香牛群比起来，狼群小得多，可是狼群有欲擒故纵的策略，并且能够实施，因此，最后赢得了胜利。

古人做事喜欲擒故纵，历史上使用此智者不乏其人。春秋战国时期，晋文公联合秦穆公围攻郑国，这是因为郑文公曾对晋文公无礼，而且还依附楚国。

郑国的谋士佚之狐向郑文公说："国家危险了，如果派烛之武去见秦君，秦国军队一定会撤退。"

郑文公听了他的意见。但烛之武却因为在年轻时没有得到重用而推辞说："臣在壮年的时候，尚且不如别人，现在老了，做不了什么事了。"

郑文公此时也不得不收起国君的架子，谦虚道："我没有及早重用您，现在危急时才来求您，这是我的过错。然而郑国灭亡了，对您也不利啊!"

烛之武知道如果想见秦穆公就需要用非常方式，他用绳子把自己从城墙上坠下去见秦穆公。秦穆公见到烛之武后，很是吃惊。但随之已明其来意。烛之武知道自己用平常的语言很难说服秦穆公，就采用了"欲擒故纵"之法："秦、晋两国围攻郑国，郑国已经知道就要灭亡了！如果郑国灭亡对您有好处，那就不值得烦劳您的左右，越过其他国家而在远方设置边邑，您知道这是很困难的。哪能用灭郑来加强邻国呢？邻国实力雄厚，就等于您的力量薄弱啊。如果不灭郑国而使它成为您东方道路上的主人，贵国使臣来往经过，供应他们的食宿给养，这对您也没有坏处。再说您也曾经施恩于晋惠公，他答应给您焦、瑕两地，可是他早晨刚刚渡河回国，晚上就在那里筑城防御，这是您所知道的。那个晋国，哪里有满足的时候？它既以郑国作为东边的疆界，又要扩张它西边的疆界，如果不损害秦国，它到哪里去夺取土地呢？损害秦国而有利于晋国，希望您还是多多考虑这件事。"

如此长篇一论，秦穆公当然得要考虑。其实，烛之武在这段话中最高明的地方就是运用了"欲擒故纵"，他先是明言郑国非敌手，然后，再陈述这其中的利害，最后，成功说服了秦穆公。

欲擒故纵是三十六计之一，当然有它独特的魅力。古人按语说：所谓纵着，非放之也，随之，而稍松之耳。

做人做事，采用欲擒故纵的智谋，很多时候会取得意想不到的效果。

"欲擒故纵"反映在生活中，就是不要墨守成规，要掌握生活中的主动权。让我们来看一个老鞋匠的故事，来更好地诠释"欲擒故纵"。有一天，他正和几个老人闲聊，这时走过来一名穿戴入时的妇女，送来一只皮鞋，很有礼貌地问老鞋匠：“师傅，你看这鞋能修吗?”

老鞋匠很职业地看了她一眼，又看看鞋子，然后说道：“您看我有活正忙着呢，您如果着急，里边还有几个修鞋的。”

这种事情没有人愿意等，所以这个妇女也不例外，她就朝里边走去了。

这时，刚才和他聊天的人便不解地问老鞋匠：“为什么有活来了，你却给支走了呢?”

老鞋匠笑笑，故作神秘地说：“你看那只鞋做工精细、皮质又好，少说得上千元，如果修不好，弄坏了咱可赔不起。”

等了一会儿，他往里瞅瞅，又说道：“不是我夸口，我不敢接的活，别人也绝对不敢接，最后啊，她一准儿回来。”

果然，那妇女不大会儿工夫就又回来了，还是要求老鞋匠给她修。老鞋匠把鞋拿到手里左瞧右看：“您这鞋得认真仔细地修，很费时间的，您明天来取吧。”妇女虽然不太情愿，但也只好应允。

等她走后，老鞋匠很快就把鞋给修好了。

这时，那几个聊天的又看不懂了。就又问道：“你修得这么快，为什么非让人家明天来取?”老鞋匠笑了：“看着你把鞋修好，顶多收三五块钱，等到明天，那么贵的鞋至少收十元。”

老鞋匠的这几次回答，就是不折不扣地“欲擒故纵”之计，既得了便宜，又吊足了顾客胃口。确实是一场极为精彩的心理战。

果然，第二天一大早，那位妇女来取鞋时，看到鞋子修得非常好，就高兴地给了 15 元走了。

## 出奇制胜

狼在捕捉猎物时常常出奇制胜。出奇制胜也就是谋略，核心在于辩证地看待“奇”与“正”之间的关系，不要以为一次的奇招制胜，便认为此招将永远是奇招可行；反之如果以为这是常用的战法，就永远不可能达到出奇制胜的效果，而是要随情况的变化变换战法，从而达到正变奇、奇变正，奇亦胜、正亦胜的一个出神入化的境界。

“出奇制胜”这一谋略被广泛地应用，并且，被赋予新的内涵，它不仅仅表现在营销领域里的奇谋妙计，而且还表现在产品广告上，是一个宣传领域里的创新的小发明。这方面的精彩战例更是数不胜数。

“椰菜娃娃”开创了一个新时代。

20 世纪 80 年代的时候，一种需要办理领养手续的玩具娃娃风靡全美。

心理学家认为，这种玩具有助于培养儿童的爱心和责任感；

玩具专家认为，这种玩具代表着欧美玩具业的发展趋势；

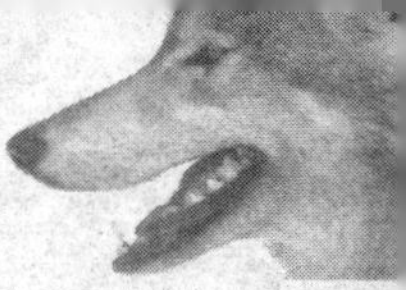

营销学者认为，这种玩具促销成功证明，“创造市场”的时代已来临。

椰菜娃娃是美国克莱克公司制造并推出的一种以领养方式出售的布娃娃，它不像其他布娃娃那样被摆在货架上，而是放在小小的婴儿床上，随身还有出生证明，上面写着姓名、性别、出生年月、地点。有心“领养”的小朋友们先要办好手续，才能将自己的孩子抱回家中。1983 年，它刚投放市场，就赢得了广大消费者的青睐，在不到 6 个月的时间里，这种娃娃一下子销售了 300 万个，它已成为美国家喻户晓的人物，成为连环画、漫画的主角，甚至成为“爱”和“成功”的代名词。

椰菜娃娃的促销活动之所以取得如此大的成功，一方面因为克莱克公司的公共关系人员通过深入的调查研究，了解了公众心理，掌握了市场动态，从而以“李代桃僵”的形式，使宣传工作深入人心，一举中的；同时也因为该公司善于利用新闻媒介扩大影响，在整个促销活动中，克莱克公司向各大电讯网、报道及图片辛迪加发送的文字和图片报道 50 余篇，通过电视网播放的有关椰菜娃娃的电视节目 50 多个，从而达到了出奇制胜的目的。

“出奇制胜”这一谋略现已被广泛应用到企业培训新员工的领域里。

三国时期的另一人物孔明也是以“出其不意”之计火烧赤壁，使曹操的百万雄师葬身火海的。当曹操中了庞统的连环计以后，便命人把大小战船用铁链连环起来，他的谋士程昱对他说：“船皆连锁，故是平稳，但彼若用火攻，难以回避，不可不防呀！”曹操大笑说：“仲德虽有远虑，却还有见不到处。”荀攸接着说：“仲德之言甚是，丞相何故笑之？”曹操又曰：“凡用火攻，必藉风力。现在正值隆冬之际，只有西北风，那有东风南风的道理？吾居于西北之上，彼兵皆在南岸，彼若用火攻，是烧自己之兵也，吾何惧哉？若十月小春之时，吾早已提备矣。”诸将皆拜伏曰：“丞相高见，众人不及。”再说周瑜正在积极准备用火攻曹操大军，忽然狂风大作，江中波涛拍岸，他便大叫一声，往后便倒，口吐鲜血。孔明早知周瑜的病因，写了 16 字给周瑜：“欲破曹公，宜用火攻，万事皆备，只欠东风。”原来周瑜看到了西北风大作，突然想起了冬季不可能有东南风之事，因此而病倒了。然而孔明精通天文，早就推算好了在十一月二十日甲子时至二十二日丙寅时有东南风，故才敢装模作样地设坛祭风。曹操败就败在他像周瑜一样没有想到冬季会有东南风，而孔明正是“出其不意”用火攻之才破了曹操的大军。

在我们的生活中运用“出其不意，攻击不备”的智慧，往往也能达到意想不到的效果。比如，一男生和他的女朋友吵架了，他们谁都不想先认错。但这样子也不是办法，这个男生就想了个办法。

他先给女朋友发了个短信，说他要出差了，要好几天才能回来。他女朋友也想和好，但就是拉不下面子。看到这个短信后，非常失望，但也没有任何办法。其实，这个男生用的就是“出其不意”的计策，他并没有出差，第二天一大早，他就拿着鲜花站在了女朋友的面前，给了女朋友一个大大的惊喜。两人的小误会也随之消除，并且感情更进了一层。

当然，这只是生活中很片面的一个例子，现实的生活中还有很多这样的例子。只要能够达到“出其不意”的目的，那么此计就算基本成功了。

一个顾客在酒店喝酒，他喝完第二杯后，转身问老板：“你一星期能卖多少桶啤酒?”

“35 桶。”老板得意洋洋地回答说。

“那么，”顾客说，“我倒想出一个能使你每星期卖掉 70 桶啤酒的方法。”

老板很惊讶，忙问：“什么方法?”

“这很简单，只要你将每个杯子里的啤酒装满就行了。”

老板听了很是尴尬。

其实，这位顾客的本意是指责老板卖的啤酒只有半杯，但他利用老板“唯利是图”的心理，巧妙地设下一个“圈套”，让老板不知不觉地钻进去，然后出其不意地指责老板的行为。

知己知彼，百战百胜，不但要知道别人，还要知道自己，只有这样才能客观地分析现状，出其不意，攻人于不备，转危为安。也因此，在生活中，对于这种智慧，我们一定要好好掌握和运用，也仅如此，我们才能有百战百胜的结果！

在做自己的事业时，想要赢得市场，便要不断创新，“出其不意”地推出新的产品投入市场，会获得不可估量的效益。自古以来，出其不意的原则在各行各业不断发挥神奇的功效。在商业领域，不论公司的规模、地点或竞争形势如何，能不能有出其不意的表现，对成功与否有很大的影响。事实上，在结合了保密、速度、计谋、原创性和胆识，出其不意的行动能杀得对手措手不及，使力量对比产生有利于己方的决定性后果。

攻其不备，出其不意，以奇制胜，打破常规，用对手意想不到的新奇手段战胜对手，以变应变，也正是宇宙间一切事物运行的普遍规律。唯物辩证法认为，宇宙间万事万物都是发展变化的，唯有发展变化的这个规律是不变的。出奇制胜强调的是变化，反对的是模式化。也就从这点看来，“攻其不备，出其不意，出奇制胜”不但是一个可以广泛运用的法则，而且是一个永恒的法则，永远不会过时。

## 外圆内方

说到狼的智慧就不得不提外圆内方的处世技巧。

所谓外圆内方就是指在说话做事时，一定柔和、内外兼备，不要一味地咄咄逼人。相传，孔子的后人孔融在十岁的时候跟随父亲到洛阳。在当时的洛阳城中有一个人叫李元礼，他很有名声。但却不轻易接见外人，所以，虽然想拜访他的人很多，但要想见到他却不容易。

孔融在听到这件事后就对他父亲说："我想去拜访李元礼先生。"并向父亲保证一定会见到他。

他来到李家门口，对看门的人说："我是你家李大人的亲戚，麻烦你通报一下。"门人听说他是亲戚，就连忙向主人报告。李元礼很奇怪，就见了孔融。

见了面，李元礼问道："你和我是什么亲?"孔融说："从前我的先人仲尼和您的先人伯阳（孔子向老子问礼）有师资之尊，所以我和您是通家之好。"

李元礼和他的宾客见这小孩对答如流，都纷纷称奇。这时又一官员陈炜到了，别人就把孔融的话告诉了他，陈炜说："小时了了，大未必佳。"孔融接着就说道："想大人您小时候一定很聪慧了。"陈炜顿时很尴尬。

从这个故事中，我们可以看到孔融的确口舌过人，但他后来的遭遇还是告诉我们，太过锋利的口舌是值得人去思量的。孔融之所以在当打之年被曹操杀掉，恐怕和他不通晓"外圆内方"的智慧有很大关系。

在中国古代，钱币的形状便是外圆内方的，这是经商不无关系。外表随和，内心严正。商人就应该是外圆内方的。外圆表明与周围环境融洽协调、尽量减少矛盾，内方则是对自己理想和信念的坚持。

清朝大家纪晓岚的外圆内方的人生哲学观很值得一看。求取功名，不搞阴谋诡计，走正道儿，这是"方"；投机取巧，讲求巧劲儿，这是"圆"。纪晓岚在求取功名方面先"方"后"圆"，早年以勤奋智慧立身，以圆滑奇巧辅助，老年则以变通为主塑造不倒金身，博取功名利禄。

做人要顺应天道自然，要先方后圆。如果年纪轻轻，就圆滑世故，少年老成，相信不会有什么真心的朋友；如果年纪大了还很唐突莽撞，也会给人留下不成熟的印象，都会对自己的人生产生不好的影响。前半生要"方"，要表现个性，处世积极，锐意进取；后半生要"圆"，即老成持重，稳如泰山。处世之道，其实就凝聚在一枚小小的古铜钱中，外面圆圆的，中间是棱角，分明的方孔，它寓示着"外圆内方"的做人道理。方和圆，从不同的角度，不同的方面理解，有不同的定义。方，做人的正气，优秀的品质；圆，处世的技巧。方，原则性；圆，灵活性。方，个体与群体的对立；圆，个体与群体的统一，等等。一个人如果过分方方正正，有棱有角，必将碰得头破血流；但是一个人如果八面玲珑，圆滑透顶，必将众叛亲离。因此，做人必须方外有圆，圆中有方，外圆内方，成功要诀就是精通何时何事可“方”，何时何事可“圆”，“方”“圆”如何相济。

其实，人生做人做事：方为做人之本，圆为处世之道。

“方”，方方正正，有棱有角，指一个人做人做事有自己的主张和原则，不被外人所左右。“圆”，圆滑世故，融通老成，指一个人做人做事讲究技巧，既不超人前也不落人后，或者该前则前，该后则后，能够认清时务，使自己进退自如、游刃有余。

一个人如果过分方方正正、有棱有角，必将碰得头破血流；但是一个人如果八面玲珑、圆滑透顶，总是想让别人吃亏，自己占便宜，也必将众叛亲离。因此，做人必须方中有圆，圆中有方，外圆内方。

这样的人，有忍的精神，有让的胸怀，有貌似糊涂的智慧，有形如疯傻的清醒，有脸上挂着笑的哭，有表面看是错的对……

我们经常在报纸上见到穷凶恶极的罪犯闯入老百姓的家里，杀人越货、绑架无辜或逼做人质的时候，被害人是怎样委曲求全，先以圆滑诚恳的语言赢得罪犯的信任，而伺机在罪犯不在意或误认为在他的胁迫下真的与其合作的时候，出其不意地逃脱报案或径直击败罪犯。这其实是外圆内方的最好案例。

我们可以想象一下，或者我们把自己当成一个受困者，在面对凶狠的罪犯时，如暴跳如雷，那么吃亏的只能是自己。

《三国演义》中有一段“曹操煮酒论英雄”的故事。当时刘备落难投靠曹操，曹操很真诚地接待了刘备。刘备住在许都，在“衣带诏”签名后，为防曹操谋害，就在后园种菜，亲自浇灌，以此迷惑曹操，放松对自己的注意。一日，曹操约刘备入府饮酒，议起谁为世之英雄。刘备点遍袁术、袁绍、刘表、孙策、张绣、张鲁，均被曹操一一贬低。曹操指出英雄的标准——“胸怀大志，腹有良谋，有包藏宇宙之机、吞吐天地之志。”刘备问：“谁人当之?”曹操说：“天下英雄惟使君与我。”刘备本以韬晦之计栖身许都，被曹操点破是英雄后，竟吓得把匙箸丢落在地下，恰好当时大雨将至，雷声大作。曹操问刘备为什么把筷子弄掉了?刘备从容俯拾匙箸，并说：“一震之威，乃至于此。”曹操说：“雷乃天地阴阳击搏之声，何为惊怕?”刘备说：“我从小害怕雷声，一听见雷声

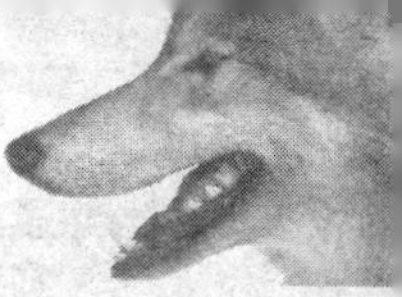

只恨无处躲藏。”自此曹操认为刘备胸无大志，必不能成气候，也就未把他放在心上，刘备才巧妙地将自己的惶乱掩饰过去，从而也避免了一场劫难。

看过三国的人，或许都小瞧了刘备，其实他是一位真英雄，在乱世之中，凭一介布衣，竟得三国其一，这其实是十分不容易的。他在煮酒论英雄的对答中用的就是方圆之术，在曹操的哈哈大笑之中，才免去了曹操对他的怀疑和嫉妒，从而最后才能如愿以偿地逃脱虎狼之地。

总之，人生在世，运用好“方圆”之理，必能无往不胜，所向披靡；无论是趋进，还是退止，都能泰然自若，不为世人的眼光和评论所左右。

## 学会借势

在蒲松龄《狼》一文中，有这么一段内容：才欲行，转视积薪后，一狼洞其中，意将隧入以攻其后也。身已半入，止露尻尾。屠自后断其股，亦毙之。乃悟前狼假寐，盖以诱敌。表现出狼的狡猾，表现出狼的借势。

七喜饮料的“七喜，非可乐”就很会借势。它在可口可乐和百事可乐占领了美国可乐市场的情况下，将自己定位为一种与可乐并列的饮料，很快打出名气。再比如，一种国产名酒打出“南有茅台，北有某酒”的广告，在颂扬了茅台的同时，也使自己跟着扬了名。在市场竞争的今天，越来越国际化的明天，我国的企业一定要学会借势生存。

在这方面，我国古代“商圣”范蠡堪称鼻祖。

范蠡是战国时期的名臣、名商，他在刚开始做生意时，由于本小利微，一直难以做大。后来运用借势经营法，很快致富，成为远近闻名的大富豪。一日范蠡获悉吴越一带需要好马。凭对市场的了解，他知道，在北方收购马匹并不难，马匹在吴越卖掉也不难，而且肯定能赚到一大笔钱。问题就是把马匹运到吴越却是真的很难，千里迢迢的，人马住宿费就先不说，最大的问题是当时还处在兵荒马乱时期，沿途强盗很多，怎么办？他通过市场了解到当地有一个很有势力、经常贩运麻布去吴越的巨商姜子盾，姜子盾因常年贩运生意早已用金银收买了沿途强人，于是他把主意打在姜子盾的身上。

这一天，范蠡写了一张榜文，张贴在城门口。其意是：范蠡新组建了一个马队，开业酬宾，可免费帮人向吴越运送货物。不出所料，姜子盾主动找到范蠡，求运麻布。范蠡满口答应。就这样，范蠡与姜子盾一路同行，货物连同马匹都安全到达吴越，马匹在吴越很快卖出，范蠡也因善于借势，把握商机而大赚了一笔。

乔治·约翰逊是美国弗雷化妆品公司的一位推销员，由于看到黑人化妆品市场需求旺盛，有良好的发展前景，便网罗几名同伴，辞去弗雷公司的职位，成立了自己的化妆品公司。但是，在20世纪70年代，弗雷化妆品几乎统治着整个美国黑人化妆品市场，如果像通常那样采用开发系列产品的办法来同弗雷公司竞争是不可能的，于是乔治·约翰逊与同伴集中精力研制出一种有特色的产品，即特别适合黑人使用的粉质化妆膏。产品生产出来了，如何进行宣传呢？乔治·约翰逊决定采取一些借势经营的策略，经过深思熟虑以后，他设计出这样一句出人意料的广告语："当你用弗雷公司的产品化过妆之后，再擦上一点约翰逊的粉质膏，将会收到意想不到的效果。"

起初的时候，约翰逊这一非同凡响的举动遭到了其同伴们的抱怨："我们自己的广告，为什么要替别人宣传呢?"约翰逊回答说："打个比方，现在全美国没有几个人知道我约翰逊，假如我有办法同美国总统站在一起的话，马上就会引起人们的注意。同样，现在在黑人化妆品市场上，弗雷公司的名气最大，在广告上与他们相提并论，不正是提高我们知名度的捷径吗?"

看到约翰逊的这则广告，弗雷公司的反映也非常满意，不仅没有采取任何反击措施，而且还完全陶醉在被人追捧的快乐之中。消费者在弗雷品牌的号召力下，自然也非常乐意顺便接受了约翰逊的产品。就这样，约翰逊粉质化妆膏的市场占有率迅速扩大。在此基础上，约翰逊悄悄地采取第二步行动，接连推出能改善黑人皮肤干燥和头发缺乏亮度的"黑发润丝精"和"卷发喷雾剂"，以及同时具有美容和防晒护肤两大功能的系列产品。过了几年以后，约翰逊的化妆品把弗雷公司的部分产品挤出了黑人的化妆台。

约翰逊是一个非常有胆有识、有勇有谋的大智者，他依靠着强者的名声，先在市场上辟出一块立足之地，尔后不断发展，最后成为胜者。这种谋略对于创业初期的小企业来说，是一条制胜的捷径。在国外，有许多闻名于世的大企业，在初创阶段起步都很难，然而，由于他们善于运用"因粮于敌"的谋略，借用强者的力量，韬光晦迹，从小处入手，逐渐发展，最终成为强中之强。

生活中你能否借势，关键是要看你如何借势，借势的目的是什么，完全依靠生命的敏锐和生命的智慧。因为只有敏锐和智慧，才能清晰的知道自我需求，才能按照生命的需求去寻求最有效，能够激发生命力量，能够扩展生命力量的源泉，否则不但对生命成长不利，而且会造成对生命成长的阻碍。因此敏锐借势，生命如有神助。

# 第三章　狼性准则

我们不会为了所谓的尊严在自己弱小时攻击比自己强大的东西，如果不得不面对比自己强大的东西，我们的表现就是合作。其实我们也很想当兽王，但我们知道自己是狼而不是虎。我们知道生活中，需要用最小的代价，来换取最大的回报。

# 狼性专注

狼的自述：

*我相信，现在不能把握的生命是无法把握的；现在不能享受的生命是无法享受的；而现在不能明智度过的生命是难以过得明智的；因为过去的已经成为过去，而未来没有人知道。惟他，只是用心地在清凉的夜色中驰骋……*

狼族在自然界中生存的最重要的法则，就是能够把所有的精力集中于捕猎的目标上，它们只瞄准猎物，不达目的绝对不会轻易放手。对于无法达到的目标，它们则绝对不会做出无意义的行为，不管是带有恐吓性的长啸，还是带有威胁性的追逐。

狼的专注，使它能一次次地获得猎物，而人只有学会专注，才能学得真本领。

从前，有一个人拜师学射箭。师傅除了最初教他张弓、瞄准这些基本功外，还在门上用线悬了一个铜钱，天天叫他站在远处盯着铜钱看。久而久之他觉得铜钱似乎一天比一天大起来，后来居然变得如他的身体一样。这时，师傅把弓箭交给他去射，“当”的一声，他才惊讶地意识到射出的那支箭，已经穿过了铜钱。他的成功其实很简单，那就是专注，是专注，练就了他不凡的才能。

狼的专注，可以说是动物界中的普遍现象，是绝大多数的动物都具有的一种本能。然而人类却似乎并没有继承这种本能，不管是情感还是事业，大多数人总是在左顾右盼，游移不定。要么根本没有任何目标，要么有了目标却无法坚持到最后。在现代社会，专注，已经成为一个人能否成功的决定性因素之一。心无旁骛，坚守目标，坚持不懈，是人类需要从狼身上学习的一个重要的生存法则。

## 专注是成功的前提

在这个世界上，人类除了研究自身之外，研究得最深最广的动物可能就是狼了。曾有人借助电子仪器跟踪观察狼长达几天的捕猎行动。让人们感到惊奇的是，狼丝毫不对自己的任务感到厌倦心烦，也从不毫无目的地追逐或骚扰猎物。它们看上去好像只满足于做一个观察者，实际

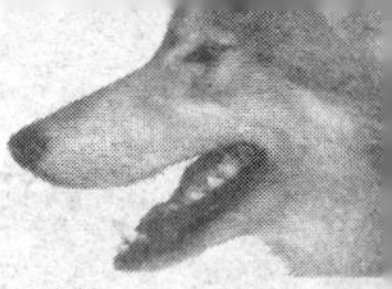

上，此时的它们却正在综合分析追捕的猎物中每个成员的身体状况和精神状态，以便做出最有针对性的攻击。

毫无疑问，狼群的首选目标是猎物中的老、幼、病、残者。但是狼的高明之处远不在于能确认出这些显而易见的牺牲品，它能观察到并记住猎物许多细微的个性特征和习惯，而这些，人类是根本做不到的。

有时一个动物会轻易受到攻击，仅仅只是因为它的一个细微的紧张的行为或癖性让狼觉得有机可乘。某些独特的个性特征会促使一只动物离开群体的庇护，成为一个靶子，所有的行为都被细心而有耐性的狼记在心里。狼与生活在北美的驯鹿之间存在着一种独特而微妙的关系。它们常常是出生在同一个地方，随后又一起奔跑在地球上自然环境最恶劣的旷野中。它们之间的关系并不一定总是处于敌对状态，而是有对立也有和谐。虽然当它们混在一起的时候，看不出什么紧张气氛来，但是危机会在某一天出现。

请你想象一下这样一个场景——这是一位经常观察狼的活动的人为人们描述的——一群狼（追赶者）突然向一群驯鹿冲去，但驯鹿会聚成一群奔跑以确保每个成员的安全。这时，狼群中的一匹狼（剑手）会冲到鹿群中，抓破一头“指定”的驯鹿的腿。狼群之所以选中这头驯鹿也许就是因为它们发现它的某些特点易于攻击。但狼并不紧追它不放，而是随后就放这头驯鹿归队。这样的场景一遍一遍、一天一天地重复上演着，狼群耐心地等待着时机，受伤的驯鹿在逐渐地失掉越来越多的血液、力气和反抗的意志。狼群则会定期更换角色，由不同的狼来扮演“剑手”，使这头可怜的驯鹿旧伤未愈又添新伤。狼群最终胜利的形势越来越明显。最后，当这头驯鹿在狼群的不断攻击下处于极其虚弱的状态，不会再对狼群构成严重威胁的时候，狼群就会大规模地向猎物出击。

最后的胜利之所以是属于狼群的，是因为它们的耐心和专注。实际上，此时的狼也已经饥肠辘辘，在这种数天之后才能见分晓的煎熬中忍受着饥饿。为什么它们不干脆直接进攻结果了那头驯鹿呢？因为狼清楚地知道，像驯鹿这样体形较大的动物，一蹄子就能把自己踢翻在地，而且非死即伤。狼群谋求的不是眼前的一点小利，它们要的是长远的胜利。古代的歌谣和传说故事中常常赞美狼有很多令人难以置信的技能。敏锐的观察力、专一的目标、默契的配合以及锲而不舍的耐心是狼群一次次获得成功的保证。

“专注”就是要集中精力把意识放在某个特定的欲望上的行为，并要一直集中到找出实现这个欲望的方法，并且直到成功地将它付诸在实际行动上，取得最后的胜利。

**因为专注所以成功——3721**

每一个会上网的人对3721都不陌生，在网络实名领域中，它是一个佼佼者。那么，3721是怎么获得今天的成功呢？很简单，就是因为专注。

3721在刚创立的时候，既没有海归这一国际性标志，也没有拷贝美国的商业模式，而是自己摸着石头过河，所以，公司在成立之初过了相当长一段时间的“苦日子”，1998年正是许多网络公司“烧钱”的时候，3721公司却因为缺乏资金的支持而步履艰难，陷入困境。1999年，世界著名的IDG风险投资人约见3721的总裁周鸿伟，这个年轻人对事业的执着与信心深深打动了IDG公司的风险投资人，最终，IDG在还没有完全弄清楚3721是什么商业模式的情况下，就决定向3721投资。25万美元的投资一个月就到位了。正是这雪中送炭的第一笔资金，让3721闯过了第一个难关。让一般的人无法想象的是，在企业资金如此困难的情况下，为了培育网络实名这块市场，一方面使得企业看到自己的收益，另一方面也培养用户的使用习惯。3721在前三年中，对企业和用户都是免费的。而公司运营所需要的各项资金，完全来源于风险投资基金。

经历过创业的艰辛以后，3721度过了最初的生存考验，开始逐步步入正轨，并迅速发展。在短短的几年中，战胜了强劲的对手Realnames，于2002年10月与微软达成战略合作，后又与Yahoo中国和美国VeriSign结成战略合作伙伴。周鸿伟说，年轻的3721之所以能赢得合作伙伴信任，最关键的因素是3721始终如一的专注及专业。像腾讯、联众公司一样，3721公司成立四年来，只专注于一个产品——那就是网络实名。正是因为这种专注，所以3721很快成为网络实名领域的领头羊。同时国内外众多著名搜索引擎服务商也开始关注3721公司，目前3721网络实名覆盖了90%以上的中国互联网用户，每日使用量超过3000万人次，是使用量最大的中文上网方式，大部分的中国互联网用户都视这种网络服务为自己的最爱。

其实，“专注”本身并不神奇，只是控制注意力而已。一个人只要能够集中注意力，就能摒弃外界的干扰和诱惑，专注地去做好一件事，从而取得最终的成功。

**金算盘，专注者的成功**

2004年，国内管理软件市场没有什么大起大落的变化，发展得还算平稳，没有太多概念的喧嚣，更多的是对用户需求、用户应用的关注。2004年，管理软件市场的竞争也越演越激烈，营销成本在逐步增加，从用友、金蝶公司的年报看，其利润率在大幅缩水，用友 2004 年上半年报表中显示其净利率为 14．6%，软件行业的净利率竟然向硬件行业的净利率逼近。中国的软件业到底该何去何从？

当时，在国内软件行业排名第三的金算盘软件公司私募成功，获得了 760 万美元的海外投资。投资商英国联合利丰廖女士在谈到为何选择金算盘时，特别提到金算盘独特的运营模式与行之有效的盈利能力，投资商看中的就是金算盘的这个方面。

同美国的西南航空公司有自己明确的市场定位一样，金算盘也有自己明确的定位，并且更加专注于这个定位。金算盘一直专注于中小市场，不像国内一些管理软件公司大市场也做，小市场也不放过。金算盘的产品 VPS、8e、6f 均锁定中小企业市场，同时又对市场进行细分：VPS 平台套件针对中小企业中的集团型企业，8e 针对具有一定规模的中小企业，6f 针对小型企业。“快速适应业务变化，深度满足客户变化”，在中小企业管理软件市场中，金算盘积累了 10 万多家中小企业的成功应用经验，深谙中小企业的运营发展状况，金算盘的软件产品更能适应中小企业变化与成长的需求，使中小企业在激烈的竞争中能够灵活应变、高效行动、提升业务，使这些中小企业面对市场挑战时能够轻松应付，在激烈的市场竞争中不断成长。

为了降低成本，金算盘以别具一格的渠道发展模式，实现高利润的快速扩张。与用友、金蝶上市后大面积地收购代理商的扩张发展模式不同，金算盘采取了“间接销售，直接服务”的战略。金算盘在全国的迅速扩张更多地依靠合作伙伴，采取了特许经营的方式，有些像麦当劳的特许加盟模式，金算盘收取加盟费用，向合作伙伴输入品牌和管理模式，给他们提供了一套规范的销售、实施、服务等全方面的运营模式；对合作伙伴进行整套的培训，为合作伙伴提供巨大的广告宣传支持，帮助合作伙伴在当地市场快速发展与成长，在当地快速建立金算盘的知名度。这是一种双赢的合作模式，随着金算盘知名度的增加，合作伙伴也就有了很高的忠诚度。金算盘在省会城市是自己建立分支机构，在其他重点城市及二级城市都主要通过合作伙伴特许的方式进行销售。这种模式运行了几年，给金算盘带来了良好的收益，通过合作伙伴在当地的影响力迅速扩张，减少了直接建分公司较高的运营费用，又能快速实现扩张，提升金算盘品牌在当地的知名度。在服务方面，金算盘采取了“直接服务”，指的是我们对所有的包括代理商的重要客户在内全部进行直接服务，这为公司带来了很高的客户忠诚度，据一份数据报告显示，客户对于金算盘软件的忠诚度在全国是排名第一的。

金算盘之所以能一步步地取得成功，得益于准确清晰的市场定位，并且专注于这个定位。十几年来，金算盘一直专注中小企业，清楚自己在各个阶段的发展思路。以其独特的运营模式获得较高利润的金算盘正在成为中国管理软件行业的“西南航空”，成为中国管理软件行业的一艘旗舰，正在乘风破浪，不断向前。

成功的法则其实并不复杂，但为什么成功者还是如此稀少呢？这是因为大多数人认为这些法则太简单了，没有坚持到底，而且也不屑于去做。其实这个法则就是专注。成功如同谷仓内的金表，早已存在于我们周围，散布于人生的每个角落，只要专注地去寻找，专注而冷静地思考，我们就会听到谷堆下面传来的清晰的滴答声，就会找到那块金光灿灿的象征着成功的金表。

关于金表的故事是这样的：有一个农场主在巡视谷仓时不小心将一块名贵的金表掉在了谷仓里，他找了很多遍都找不到，便在农场门口贴了一张告示，如果有人找到金表，他将出100美元。

面对100美元的诱惑，很多人都在卖力地四处翻找，无奈谷仓内谷粒成山，还有成捆成捆的稻草，要想在这么困难的情况下找到一块金表就像大海捞针一样不可能。

太阳落山了，人们还没有找到那块金表，他们中的那些人不是抱怨金表太小，就是抱怨谷仓太大、稻草太多，于是一个个放弃了100美元的诱惑。只有一个穿得破破烂烂的小孩，在众人离开之后仍不死心，努力寻找。为了找到这块金表，他已经整整一天没吃任何东西，他渴望在天黑之前找到金表，好让一家人能有饭吃。

夜色越来越浓，小孩仍在谷仓内坚持寻找，突然他听到寂静的谷仓下面传来一种奇特的“滴答、滴答”的声音。小孩暂时停止了寻找。谷仓内显得更加安静，滴答声也更加清晰。小孩循声找到了金表，最终得到了100美元。保持宁静的心灵，坚持到最后，在所有人都放弃的时候，你才能找出那块“滴答、滴答”响个不停的“金表”。

美国密歇根大学研究心理学和神经学的科学家有了一项最新的发现，人的大脑只有在持续不间断地处理一件事情的时候才能发挥最佳功能，只有专注地去做一件事情才能取得最佳的效果。

专注于某一件事情，哪怕它很小，努力做好，就会有不寻常的收获。

有一位妇女，来自农村，没读完小学，连用汉语表达意思都不太熟练。因为女儿在美国，她申请去美国从事户外工作。她到移民局提出申请时，申报的理由是有“技术特长”。移民官看了她的申请表，问她的“技术特长”是什么。她回答是“会剪纸画”，她从包里拿出剪刀，轻巧地在一张彩纸上飞舞，不到 3 分钟，就剪出一组栩栩如生的动物图案。移民官员连声称赞，她申请赴美的事很快办妥，引得旁边和她一起申请而被拒签的人一阵羡慕。

很多取得成就的科学家都具有这种专注的精神，我国的地质学家李四光也曾因为专注而闹过笑话。据他女儿回忆，有一天，时间已很晚了，李四光还没有回家，女儿叫他回家吃饭。谁知他却对女儿视而不见，一边专心工作，一边亲切地说：“小姑娘，这么晚了还不回家，你妈妈不着急吗？”等到女儿再次喊“爸爸，妈妈让你回家吃晚饭了”时，他抬头一看，不由得笑了，原来这个小姑娘并不是别人家的孩子，而是自己的宝贝女儿。可见李四光是一位多么专注的人。

有一次，法国作家罗曼·罗兰去参观雕塑家罗丹的工作室，欣赏他刚完成的一座雕像。可是来到塑像前，罗丹发现还有几处地方不满意，于是拿起凿子就修改起来，口中还念念有词，仿佛在和雕像这位老朋友聊天，而把真正的朋友忘在了脑后。两个小时后他终于修改完了，罗丹满意地瞧了一会儿自己的作品，然后大摇大摆地离去。还好罗曼·罗兰及时叫住了他，否则就要被罗丹锁在屋里了。

为了弄清蚂蚁每天是怎样生活的，法国昆虫学家法布尔曾连续几小时趴在潮湿、肮脏的地面上，用放大镜观察蚂蚁搬运死苍蝇的活动。许多人看到他这个样子，都对他议论纷纷，可是他却丝毫不加理会，只顾专心致志地看蚂蚁。

为什么这些事情会发生在这些有成就的人物身上呢？其实很简单。因为他们一心想着自己专注的问题，对他们所思考的问题反应清晰，对于这些问题之外的事情却一点都不去考虑，不去注意，所以他们才会闹出很多这样的笑话。

由此，我们不难看出，成功的人大凡是专注的人，专注是成功者的共同特征。只有聚其精，会其神，才能取得成功。成功的秘诀其实很简单，那就是专注。

**培养专注——比尔·盖茨成功之路**

全球首富，微软的现任总裁比尔·盖茨，出生于美国西北角的西雅图市。他曾先后在西雅图的里奇景小学和湖滨中学学习。

小时候的比尔就精力过人，当他还是个婴儿时，自己就能让摇篮晃动起来。他还很爱思考，迷上一件事就会全身心地投入，不受外界的影响。从外祖母循循善诱的启蒙教育到父母不辞辛苦地为比尔·盖茨寻找适合他天分发展的社团与学校，无不为他天赋的发展提供了肥沃的土壤、清新的空气。外祖母特别喜欢和聪明的小比尔一起做游戏，尤其是一些有助于智力开发的游戏。她教少年比尔下跳棋、玩筹码，还有打桥牌等她所喜欢玩的东西。玩游戏时，外祖母总爱对小比尔说："使劲想！使劲想！"当比尔下了一步好棋、打了一张好牌时，她总是拍手叫好鼓舞他。外祖母还常常让比尔·盖茨读书，给他讲故事，比尔·盖茨从中受益匪浅。在外祖母的帮助与指导下，他广泛地阅读了许许多多各种各样的书。

在他家附近有一个图书馆，每年都会举行夏季阅读比赛，他很喜欢参加，因为他总得男孩中的第一，偶尔也会勇夺总冠军。外祖母意识到比尔·盖茨在思维与记忆上的潜力，她总是不失时机地激活比尔这方面的潜能。有时祖孙俩到公园散步，外祖母常会与比尔·盖茨交流下棋的技术或看某篇佳作，让比尔通过自己的思考去寻找更新的下棋方法，发表自己独到精辟、与众不同的见解。

对于比尔·盖茨的成长，他的父母一直都很关注。他们在质朴的处世方式中，更多地关心孩子的成长与教育，在工作的闲暇时间里，他的父母总是尽可能地与儿子呆在一起。一家人不断地进行各种游戏，从棋类到拼图比赛，几乎所有的益智游戏。随着儿子年龄的增长，家庭中的环境已无法满足比尔·盖茨天赋的进一步发挥。小小的比尔有时居然会责备母亲智力不足。于是，父母把目光投向社会，想要为比尔寻找一个更适合于他的、有更大发挥空间的地方。

有一次，学校要举办一次活动，比尔·盖茨给班上准备了一份报告，题目是《为盖茨股份有限公司投资》。为了这篇报告，几乎全家人齐出动，他的外祖母帮着弄封皮，连父亲也插手帮忙，气氛很活跃。小学毕业后，在听取了比尔·盖茨的意见后，父母将他送进了湖滨中学。在湖滨中学，比尔痴迷上令他今后倾注毕生精力的计算机。比尔·盖茨在湖滨中学读书时，常按自己的兴趣爱好来安排学习。在自己喜欢的课程上，比尔·盖茨很舍得下功夫，常常学得很好，如数学和阅读方面。每次父母看到比尔拿回来的成绩单，尽管他们知道比尔在其他一些课程上会学得更好，但他们并没有责备他，而是尊重儿子的做法。

比尔·盖茨在中学毕业以后，很想到哈佛大学去念书，而这恰好也是他父母最大的心愿。幸好，比尔·盖茨的父母并没有像其他父母那样把孩子看作是自己的私产，必须让孩子们来完成父母喜欢的事。本来，比尔·盖茨的父母想让儿子当一名律师，可是，经过冷静地思考，父母放弃了让儿子当律师的想法，让比尔·盖茨在大学领域里自由发展。这一点帮了比尔·盖茨的大忙。但一年后，比尔·盖茨的父母却不得不面临一个更大的难题：比尔·盖茨要离开哈佛，放弃学业，与别人一起创办计算机公司！在与父母的多次交谈中，比尔平静地表达了自己的想法。父母了解儿子的秉性和志向，虽然他们不是百分之百同意，但还是尊重儿子的意愿，或许儿子的天赋与计算机事业是最佳的切合点吧！比尔·盖茨便毅然离开了令亿万学子向往的哈佛大学，开始了他在计算机软件领域里的拼搏。

家庭宽松的环境，家人宽容的呵护，使比尔·盖茨能充分地发挥全力专注于某一事物的天赋。1975 年比尔正式创办微软公司，20 多年后，成为世界顶尖首富，个人资产近 200 亿美元！很显然，比尔·盖茨的成功是个人天赋与家庭教育共同作用的结果。比尔的事例告诉我们：培养孩子的专注能力十分重要，从小的专注是以后成功的基石。

每个人都希望自己的一生能有所作为，而专心致志是学有所成的必要条件。一个人的精力有限，只有当他全神贯注于某件事时，他才会在这方面取得成绩。从商业的角度来讲，只有专注，才能得到市场。

我们都知道，世界上一些有名的公司，像英特尔只生产处理器，可口可乐只生产饮料，IBM 只做电脑硬件，这些企业因为专注于自己的领域，都成为百年不衰的老字号、世界知名企业。相反，一些企业遍地开花，什么行业都想插一手，反而丢了自己的特长，很快走向了衰落。就像曾经风行一时的苹果电脑，软硬件都做，而且在当时都做得不错，但是后来，当微软推出性能更优于苹果的视窗软件时，人们开始放弃苹果软件转而用微软的，苹果电脑不但软件卖不动，硬件也没有了市场。

专注可以弥补技术上的某些不足。台湾集成电路公司在做出放弃其他生产线，只做来料加工的决定时，曾经遭到内部管理人员的强烈反对和抵制。但事实证明，这条路走对了。现在美国排名前十位的设计公司，几乎都是台湾集成电路公司的客户。

专注可以提升公司的竞争能力。哈佛大学策略大师波特指出，面对未来激烈的经济竞争，唯有与同行策略相异，产品与服务相异，才能保持自己在行业中长期的竞争优势。这就要求企业管理者专注自己的特长，避开自己的缺陷，提升自己在专业生产方面的竞争优势。四通打字机在 20 世纪 80 年代初期曾经火了一把，现在几乎没有什么人用它了。四通董事长段永基在反思四通的教训时认为，四通和国内大部分企业一样，犯了一个大而全的错误，当国外的企业都在进行精细的分工合作时，国内的企业却被大而全拖垮了，一个产品，所有的部件都由公司自己生产，必然会降低公司的创新能力和创新速度，因为一个公司的精力总是有限的，不可能做到面面俱到。

专注可以以小胜大。当前，一些企业在做大了以后，就喜欢向别的行业渗透，如过去在零售方面取得一定业绩的苏宁，现在正往生产领域渗透。有专家认为，这种纵向渗透取得成功的并不多。还有一些企业喜欢横向渗透，如国内一些大型家电企业正往小家电行业渗透。这些企业虽然有着雄厚的资金和强势品牌，但在小家电领域的成功率却很低。专家认为，小家电高度专业化的制造水平和销售手段，是大家电企业很难逾越的一道坚实屏障。

专注者才能在竞争中取得与合作伙伴的双赢局面。现在一些企业之所以要搞大而全，一个根本的原因就是不够团结合作，担心配套企业不能配合生产，或认为把自己可以做的部件让别的企业去加工是肥水外流。这种思想导致企业摊子越铺越大，最后反而因为顾不过来而降低优势产品的原有市场竞争力。

商业社会中有太多的企业都是因为专注而取得了成功，BEA 也是其中的一个，让我们来看看 BEA 的专注吧。

2005 年，正值 BEA 十年庆典。

BEA 的异军突起，可谓创造了全球软件产业的一个奇迹。1995 年创办，2 年后上市，6 年后用户数过万，8 年后营业额超过 10 亿美元……

BEA，塑造了软件企业快速成功的商业模式。在其成长的背后除了烙下“并购”印记之外，更多的是中间件、基础件、Web 服务、SOA 等一系列创新技术和一串串业界开放标准……

今天，已经走过了十个年头之后的 BEA，和很多公司一样，它的商业模式就是一直在不停地收购，来满足其企业发展的需要。但不一样的是，BEA 对市场有着非常准确的预见能力和专注性，从而使得 BEA 每成长一步，都能引领着市场一起成长。

在现代这个竞争激烈的市场上，各种各样的概念满天飞，拓疆辟土来扩大战线是很多企业的做法，因为“不知哪片云彩会下雨”。但是，BEA 十年来公司定位始终没有动摇：产品公司。在 BEA 看来，只有专注，才能精深；只有专注，才能成功，所以，专注是他们多年来不变的主题。

在 IT 行业，有很多企业的成长之路都是类似于 BEA 的，如：BMC、Symantec、Borland、Interwoven、BO……由于他们大多有一个共同的特点，即：产品单一，并在某一领域有过人之举，在并购大潮来临之际，又变成了非常理想的并购对象。因此，他们在并购其他厂商的同时，也时刻有被并购的危机，BEA 就是一个典型的例子。有段时间业内曾经谣传惠普、甲骨文甚至微软都有可能收购 BEA。“并购只是一种增加技术能力、扩大市场占有率的方法之一，BEA 则倾向提供创新技术以维持市场优势。”BEA 的创始人、主席兼首席执行官庄思浩在并购决策上有不同的思考角度："持续的技术创新将是 BEA 维持营收持续增长的主要方式。买到技术之后的整合工作，包括人员以及技术，才是并购政策成功与否的决胜点。"因此，尽管 BEA 在十年期间也有过很多次并购，但 BEA 仍然坚守一个目标——加固其在中间件的领导地位，发挥自身的独特优势。

**奥盛手机成功的奥秘：专注**

随着中国手机市场的繁荣，中国手机市场开始成为全球财经关注的焦点：3G 牌照的发放、运营商的利益之争、手机厂商的明争暗斗……而奥盛手机在美国纳斯达克股票交易市场上成功挂牌上市，更是成为了众多焦点中引人注目的一个亮点。

2004 年，奥盛进入中国手机市场的时候，已经有很多的手机厂商惨遭市场淘汰，手机库存也居高不下。但是，奥盛认为，"只有夕阳的技术，而没有夕阳的产业"。对中国庞大的市场来说，通信产业永远都是有机会的。信产部公布的数据也佐证了奥盛的观点。据信产部公布的统计数据，2004 年中国手机市场的手机保有量已突破 3. 34 亿部，超过手机第一大国美国的总人口数，成为名副其实的全球手机第一市场。专家认为，中国手机市场的潜力还有很大的空间，10 多亿人口和电信普遍服务的缺失，将导致未来手机换机市场和新增市场都还会出现突飞猛进的发展。正是因为看到了这一点，奥盛才在市场低迷的时候果断地进入，这种果断，也直接让奥盛在中国手机市场上获益匪浅，销售量在行业中"一路飘红"，2004 年的中国手机市场，奥盛是一个盈利的"新贵"。

奥盛手机 CEO 王欣先生说，专注和研发是奥盛最突出的优势，也是奥盛能够登陆纳斯达克的主要原因。融资后的奥盛也将一如既往发展通信产业，并将进一步加强美国、韩国、北京、上海成立和筹建的四个研发中心的研发能力，进一步增强奥盛在国际市场上的竞争力。

对于中国的手机厂商来说，最缺乏的就是专注和研发。中国手机市场是一个充满机会的手机市场，同时，这又是一个充满变数的市场，最先进来的不一定就能占到先机，后来者也有可能坐享其成后发制人。对奥盛来说，将会一直专注手机产业的发展。

因为专注于手机领域，奥盛在研发上就舍得投入大笔资金，并保持了在核心技术上的突出优势。奥盛刚进入市场时在产品研发上投入较大，首先便在美国、北京、上海和韩国拥有四个控股研发中心。这些位居前沿的研发中心，不仅可以通过提供解决方案获得盈利，而且为奥盛手机的推陈出新、紧随手机智能化技术发展步伐奠定了坚实的基础，使公司的产品具备了持续发展的核心竞争力。可以说，因为专注，使奥盛拥有了技术上的优势，从而为其手机在市场上的畅销提供了有力的保障。

奥盛在纳斯达克的上市也给国内更多的手机厂商树立了榜样，更多的业内人士也都很看好奥盛的发展，他们认为此举不仅让人们看到了中国手机市场的前景，也为手机厂商的发展指出了一条新的发展道路。不可否认，奥盛的成功，就是因为它的专注。

专注是一种美，专注才能使企业在错综复杂的市场中认准方向，专注才能使企业以自己的强势去对抗对手的弱势。所以，只有专注的企业，才能在变幻莫测的市场中取得主动，取得胜利。

## 专注需要冷静

狼群在追捕猎物时所表现出来的专注和耐性令人类叹为观止，其实，狼群的沉着和冷静才是它们制胜的关键。只有冷静才能专注，专注需要冷静，专注与冷静不可分。

有时候，你是否会觉得你的头脑在转但却无法集中注意力，无法正确地思考问题，感到无法自控，困惑不安？你是否会对某些事感到害怕或很担心？如果你需要清晰的思路来帮助你取得所期望取得的结果，你可以选择使自己的头脑冷静下来，集中自己的注意力去思考一件事，学会每天都很有条理地思考问题。

只有冷静，我们才能思维敏捷，头脑清晰，才能专心于手头的工作。

“海尔，中国造”，这句耳熟能详的话语，是中国民族工业的骄傲，海尔，是中国进入世界500强的制造商之一。

张瑞敏，被西方媒体称为“最廉洁的企业家”，登过哈佛讲坛的中国企业家的优秀代表。

海尔产品，率先实现“国际化”，海尔奉行“亮了东方亮西方”的发展战略并且初见成效……

太多的荣誉，太多的掌声，海尔一直冷静地面对，特别是其核心人物张瑞敏本人的冷静，成为海尔成功的关键。

如果说，没有张瑞敏的冷静，海尔就不可能专注于一个大的目标去发展；没有张瑞敏的冷静，我们就看不到今天这样的海尔。

所以说，一个企业的成功，离不开冷静的思考，离不开专注的精神。

冷静创造商机，让我们更加专注。

前几年，刚刚推出数码领域的撒手锏——照相馆概念的影像业巨头之一——柯尼卡美能达，近期又将在中国市场全面推出传统领域的拳头产品——专为东方女性设计的“素肌美人”胶卷。

“素肌美人”胶卷是柯尼卡美能达公司根据东方女性的肤色特点研

制而成的，它采用专业乳剂，显像粒子更加细腻，它可以使人的肤色看起来更加娇艳红润，不论在哪一种光线条件下，都可以充分展现东方女性皮肤中娇艳美丽的一面。

根据业内人士的分析，影像市场中，女性将会成为其中最大的消费群体，而女性专用胶卷领域的市场却一直是空白。柯尼卡美能达公司以女性为特定细分市场，以那些喜欢个性商品，乐于接受增加自身美丽风采事物的爱美时尚女性，或者对女性魅力有着独特的审美眼光，喜欢挑战自己、追求更加完美摄影效果的摄影师为主要消费对象，率先研制推出这款精心打造女性美丽的“素肌美人”胶卷，不仅填补了一项市场的空白，更为爱美的东方女性献上了一份厚礼。据悉，“素肌美人”胶卷不久前刚在日本市场上推出，就受到了广大女性消费者的欢迎，尤其是那些时尚女性的热情拥护。在对中国市场进行大量调查的基础上，并提供给知名摄影家试用，受到摄影家们的一致好评后，柯尼卡美能达同样对中国市场——继日本上市后“素肌美人”在全球上市场的第二个市场——充满了很大的信心。

在数码影像业冲击之下的传统胶卷市场，面对许多厂商放弃原有胶片市场而转向数码产品的开发和市场投入的同时，柯尼卡美能达却保持了足够的冷静和沉着。不仅放手搏击数码市场，推出富有竞争力的数码冲印产品以及与冲印店经营者共赢的经营理念，而且也专注于倾其全力在传统胶片领域中寻求新的突破。“素肌美人”胶卷的推出，是柯尼卡美能达对传统胶片市场进一步细分的结果，也是对传统影像市场的进一步深入挖掘。柯尼卡美能达影像株式会社北京事务所所长裴先生在接受记者采访时说：“传统胶卷在中国内地仍有很大的市场潜力，传统市场的潜力并不会因为换代趋势而快速消失，关键在于怎样去了解这个市场，挖掘这个市场。在细分化市场客户对产品品牌的追求逐渐理性地向产品的功能性追求发展的同时，中国市场也开始从量的追求向质的追求、机能性的追求转变，这也就是‘素肌美人’胶卷的市场定位，任何女性都可以把它当作一个化妆品来看待。”凭借目前最完整的产品线、卓越的技术实力以及对中国影像市场的信心，柯尼卡美能达不但会为中国消费者带来更多更好的产品，也会给中国的消费者带来更多的惊喜！

对市场的冷静分析和对原有目标的专注，会让柯尼卡美能达的明天变得更加美好。

### 冷静地面对每一次成功

已经60多岁的王医生，是某医院的泌尿外科主任、主任医师、教授，多次获国家和军队科技进步奖，享受政府特殊津贴。

虽然人人都渴望成功，但并不是每一个人都经得起成功的考验。而王医生却是一位经得起成功考验的真正成功者。从医40多年来，他取得了数不胜数的医疗技术上的成功。但他始终以冷静的心态面对一次次成功，坚持用更高的标准要求自己，成功之后，他还会思考其中还有哪些地方是值得进一步改进的，力求精益求精，争取在下一次取得更大的成功。

在刚开始从医的时候，王医生曾遇到过这样一件事，在一次见习的时候，一位老医生给病人做脾脏切除手术。整个手术过程都很顺利，可病人却在当天下午因大出血突然死亡。这件事使年轻的王医生强烈地意识到医生的责任重大。从此，他时刻提醒自己：人命关天，即使只是毫厘之差，都有可能导致无可挽回的严重后果。牢记这一点，在以后几十年的医疗实践中，王医生逐步形成了自己的医疗技术成功观。他认为，医疗技术上的成功，没有绝对的，只是相对的。一次成功的手术之后，只要悉心研究手术细节，仔细观察病人的状况，就可能找到可以进一步改进的地方。正是因为有着这样的成功观，王医生每次手术下来，通常都要不断地询问身边的医护人员："你看这次手术还有没有什么问题？还有没有可以使手术做得更成功的办法?"

王医生曾成功地完成了可控回肠膀胱术，这比传统的回肠膀胱术需要24小时持续从腹壁漏尿有了明显的改进。在一片祝贺与赞扬声中，王医生却没有满足已经取得的成功，非常坦诚地说："这种手术还存在着明显的问题，比如要定时插管排尿，给病人带来了很大的不方便。"为了攻克这一难题，王医生反复查资料，一遍又一遍地做实验，几经摸索，终于研究完成了将阑尾作输出道的可控性回肠膀胱术，使腹壁造口变小了，也不滴尿了。但是，他还是觉得有可待改进的地方，继续思考能否不要插管、也不再腹壁造口的问题。经过精心研究，王医生再次成功地完成了人工替代膀胱手术，使病人能像正常人一样经尿道排尿。正是在这种反复审视成功、力争更大成功的不懈追求中，王医生取得了很多让人敬佩的临床技术和科研成果，在医学中取得了一个又一个的突破，一个又一个的成功。

曾经有人这样对王医生说过，凭着精湛技术，他可以轻轻松松地做好很多重大手术，没有必要跟自己如此较劲。王医生却说："医术是没有止境的，医生永远不能仅仅凭老经验给人治病。"从这个意义上讲，一味吃老本，不作新探讨，就很难有新的长进和新的成功，甚至跟不上飞速发展的医疗技术，成为这个行业的落伍者。

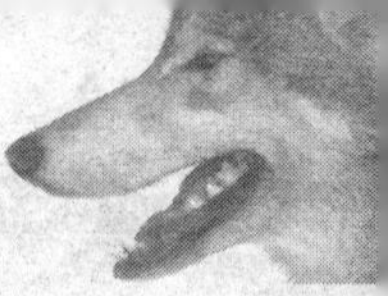

王医生的成功，给我们的最深刻的启示就是：真正的成功者，是那些专注的人，是那些在鲜花和掌声面前能够保持清醒头脑、冷静查找不足之处，然后才能不断取得成功的人。如果没有成功之后的冷静，就不可能有进一步的成功。

成功之前，你需要冷静地观察局势，把握未来；成功之后，你需要冷静地面对荣誉，继续拼搏，而不能被眼前的荣誉绊住你前进的脚步。在这一点上，刘翔也是一个例子。

**冷静引领刘翔走向成功**

在2004年雅典奥运会男子110米跨栏中，刘翔获得了冠军，一时之间，刘翔成为全国的知名人物。这次夺冠，结束了欧美运动员特别是黑人运动员多年在短跨项目上占据统治地位的历史，也让更多的亚洲选手有了走向世界的“野心”和“信心”。

许多关注体育的人都知道，在刘翔之前，亚洲人在短跨上的最好成绩是李彤在世锦赛上取得的第八名的成绩。

是刘翔，像一头骁勇的狮子，推开沉寂，大喝一声：“我来了！”

大多数人没有想到的是，刘翔第一次站到高栏前，已经16岁了。此前，他13岁被送进运动队，练了两年跳高，又练上了跨栏，并没有多大起色。家里人怕刘翔两条路都耽误了，便决定让他停止运动，专心走上大学这条路。父亲把刘翔及他的行李都带回了家，是出国参赛归来的孙海平教练又把刘翔给追了回来。这位经验丰富的资深教练，在刘翔一次训练时，不经意发现了他超强的三步节奏感和注意力极高的优势，决定收他为徒弟。从此，刘翔也就开始了跨栏的训练，并且一直坚持不懈，一直专注于此。

于是，1999年的2月，刘翔正式拜孙海平为师。从此，跨栏场上腾起了“翔之硝烟”——短短两年的时间，刘翔便已在中国称冠，在亚洲没有敌手。

刚刚21岁的刘翔，在2004年经历了从普通运动员到奥运会冠军的崛起，经历了从寂寞赛场到万众争捧，他21年并不复杂的履历、细节被反复翻检，但是他并没有在荣誉和鲜花面前失去自我，以至于不知脚落何处——没有，没有沾染虚浮的他，把荣誉放在了身后，又一次站在了北京的跑道上，参加冬季跨栏的封闭训练，继续他执着的跨栏事业。

勇夺奥运冠军而成名的刘翔，虽然在短短的几个月时间内，经历了白沙广告、肖像侵权、硕博连读争议、女友绯闻等“事件”，拨开了娱乐圈伸出的温柔小手，在上千万的广告身价间选择与放弃……但是他并没有表示厌倦，他觉得能有这些经历是件好事，经历能让自己变得更成熟。

刘翔更清楚，他还是刘翔，还是原来的那个刘翔，他不想成为商业明星，更不想做一次性的冠军，他想拿到更多的冠军，他想更多地证明自己的实力。

刘翔很清醒地知道，一段时间内，国内可能还没有选手追得上他，但是世界高手层出不穷，他不可能只是原地踏步。

刘翔说，之所以能有今天的成功，除了专注于自己所喜欢的跨栏外，最主要的是自己的冷静。因为每次比赛都需要保持很强的心理素质，避免受到外界各种因素的干扰。

在竞争越来越激烈、越来越喧嚣的时代，刘翔认为一个人要想成功，最重要的是保持一颗平常心，不能超过度。

获得奥运冠军后，有人说刘翔变轻狂了，可是刘翔却认为自己并没有变，奥运会前后的刘翔确实面临着两个不同的世界，但他很清楚，失去运动成绩他将一无所有。

因为专注于体育事业，因为冷静，刘翔取得了成功；成功后的刘翔依然专注于他的体育事业，并且冷静地面对无数的荣誉和掌声，依然为了自己热爱的体育事业不断拼搏。

专注需要冷静，才可能获得成功，而成功之后也需要冷静，然后才能更专注于自己的事业，从而取得更大的成功。

## 学会专注，勇于舍弃

狼的专注常常体现在捕捉猎物的时候，为了在自然界中生存，幼狼从小就跟在成狼身边学习各种生存本领。当然也包括如何学会专注，并懂得舍弃。

在意大利的一个家庭里，一个孩子在桌边欢快地吃着粥，看着爸爸正在看他的一篇名为《我的梦想》的作文，等待着一如既往的表扬，男孩在作文中写道：“我有两个梦想：一个是当一名作家，另一个是当一名著名的歌唱家。”而父亲却皱起了眉头，对男孩说：“孩子，如果你想要成功，就必须舍弃你的一个愿望，这就好比你同时坐在两把椅子的中间，很可能从中间跌下来，如果想要坐得更稳当，更牢固的话，你就必须只选择一把椅子。”男孩听着父亲的话，似懂非懂地点了点头。男孩最终十分艰难地放弃了当作家这个梦想，走上了音乐的道路，从此刻苦学练，努力实现自己的愿望，他终于成功了！成为了歌坛超级巨星，他便是世界著名的男高音歌唱家——帕瓦罗蒂！

是的，只有一心一意地坐在一把椅子上，才会坐得更加牢固！所以在人生道路上，我们就必须学会舍弃另外的几把椅子，只选择属于自己的那一把，才会获得成功！正如我们平时所说的谚语“鱼与熊掌不可兼得”。当我们遭受毒蛇的袭击时，我们是当机立断地选择放弃被咬的手指，还是犹豫不决，等毒性散发后放弃生命呢？当果树上的枝条乱发枝杈，是舍弃一些乱枝斜杈呢？还是让它肆意生长，最终结下又青又小的果子呢？

狼是这方面的专家，它可以为了追一羔羊把所有经过它面前的动物通通舍弃，这不是蠢笨，而是巨大的专注智慧。

所有的肉食动物都知道在出击之前要隐藏自己，在选择追击目标时也总是锁定那些老少病弱以及落单的猎物。但是，在追击过程中狼为什么不追那些离自己更近的羚羊呢？人们又有了新的疑问。和驯鹿一样，羚羊也是一种极其温顺的动物，但是上苍也给了它某些特殊的生存技能，一旦起跑，其百米冲刺般的爆发力能在瞬间将猎豹甩在脑后，更不要说狼了。所以，如果狼丢下那只跑累了的羚羊，改追一头站在身边以逸待劳的羚羊，最后的结果只能是一只也追不到，狼了解羚羊的特点——狼的智慧在这里又一次得到了有力的印证：学会专注，要懂得舍弃。

有人说，舍得是人生的一种大智慧，只有勇于舍弃，才有可能得到。这个简单的哲理，也在无形中影响着中国 IT 流通领域的竞争格局。前不久，在 IT 权威机构 IDG 的组织下，第二届中国电脑商 500 强的结果也“尘埃落定”，与过去相比，这次调查结果显示出了新的态势：IT 供应链的传统结构正在受到强烈冲击，一股以零售终端为代表的新兴力量正在迅猛崛起。其中高居榜首的宏图三胞，更是以超出第二名销售额两倍有余的业绩呈现出“一骑绝尘”的态势，让业内人士惊叹不已。据分析，宏图三胞能取得如此的骄人业绩，与过去果断舍弃批发、专注零售终端有着极为密切的关系。

人类的专注往往会化为成就和财富。我们先来看诺基亚的成功史：

如果拿国内企业与跨国公司相比，不免会让人产生一丝只能望其项背的悲凉，我们要追赶到何年何月才能赶得上它们呢？然而，在仅 500 万人口的北欧小国芬兰，诺基亚的奇迹般崛起，却很值得国内的企业去研究，也让国内的企业看到了希望。那么诺基亚成功的根源究竟是什么呢？

仅仅用了 6 年时间，诺基亚就从一个差一点被卖掉的地区性公司，一夜之间鲤鱼跳龙门，变为一个跨国公司！

诺基亚成立于 1865 年，在公司成立后的 100 年中，诺基亚主要从事木材、橡胶业，到 20 世纪 60 年代，开始涉足电子领域。1991 年以前，诺基亚充其量只能算是一个地区性公司，市场主要在芬兰和东欧国家。而且，由于苏联解体和东欧剧变，诺基亚突然失去了大半个市场，公司陷入了困境。1991 年，公司开始出现亏损。当时诺基亚的股东甚至试图把诺基亚卖给邻居——瑞典的爱立信公司，但是当时，爱立信并不想背上这个包袱，所以诺基亚没有被卖掉。

1991 年，诺基亚全年的销售收入也就是约 20 多亿美元，和今天我们国内的大企业规模差不多。这样，问题就来了，和国内企业规模差不多且已摇摇欲坠的诺基亚，能用 6 年时间，即到 1997 年就成为全球最大的手机生产商，进入世界级跨国公司的行列，走过的是一条怎样的道路呢?看看国内的企业，如果企业的发展思路正确、方法得当，要走向世界的愿望是否就是异想天开呢?

诺基亚为什么能在这么短的时间内迅速崛起，有人曾当面问过诺基亚公司董事长兼首席执行官约玛·奥利拉、诺基亚中国公司常务副董事长沈国英等诺基亚高层人士这个问题。也有人到芬兰诺基亚总部考察过。通过采访和考察，有人认为，诺基亚成功的关键因素除了国际化，赶潮流，最重要的一个原因就是因为专注。

专注的关键是舍弃，砍掉所有与主业不相干的产品，哪怕它很赚钱!

1992 年，奥利拉开始担任诺基亚董事长。在这之前，诺基亚的产品生产线很长，除移动通信产品以外，还生产电视机、电脑、电线甚至胶鞋。奥利拉认为，一个公司的产品过于复杂不利于公司的发展。他认为：如果你要在世界市场上站住脚，你就必须在你从事的领域内挤进前三名，只有这样，你才有可能取得盈利并使企业不断增长。而一个企业不可能在方方面面都领先，因此，你必须学会专注于某一种产品。

专注的最大困难是舍弃，特别是有勇气舍弃那些眼前能给企业带来很大利益的项目。而当你要专注的项目还在投入期，甚至还在赔钱的时候，这个舍弃就更加考验经营者的魄力和胆识。1991 年，诺基亚决定专注于移动通信领域的时候，这个领域并不赚钱，甚至公司后来曾考虑是否取消这个业务。但当公司决定以此作为企业今后的发展目标后，为了专注这个眼前并不赚钱的主业，诺基亚先后卖掉了电线、电脑、电视机等所有不相干的产品，特别是电视机，诺基亚当时已经做到了欧洲第二的规模，离第一只是很短的距离。想想看，当时的诺基亚高层做出这样的决策需要怎样的魄力。

实践证明，握起拳头、突破一点的战略在今天是成功的。诺基亚与摩托罗拉、爱立信相比，并没有实力上的优势。而诺基亚之所以能后来居上，在短短6年间就在手机生产上超过两个竞争对手，很重要的一点就是，诺基亚的战线相对较短。因专注而专业，诺基亚的专注提升了企业在市场上的整体竞争力。

有人在诺基亚采访时发现，诺基亚有一个风险投资机构，任务是对与主业毫不相干的东西做风险投资。这看起来似乎与“专注”格格不入，但仔细想一想，这其中包含着一种辩证的思想。拿出一部分资金来进行风险投资，不仅不影响专注于主业，而且，当主业有一天不再是潮流的时候，诺基亚不至于“找不着北”，可以迅速地转到另一种有潜力的行业中去。看来，机遇的确是只青睐那些有准备的人。

因为专注，诺基亚成了一个世界级的企业，但诺基亚的成功不是偶然的。诺基亚公司董事长奥利拉的精辟之言很能说明问题：一个企业不可能在方方面面都行，因此，必须学会专注。事实也证明了这个道理：中国加入WTO后，面对来自国内或异域各路精英的激烈竞争，无论是领导者，抑或是普通职员，都面临着一个谁也逃避不了的严峻问题——非专注无以作为也，甚至可以说非专注就无法在这个激烈竞争的市场中生存!

这话并不是在故意危言耸听。须知，人的精力毕竟有限，往往穷尽全力也难以掘得真金。一位科学家临终前曾说过一句发人深省的话：“我最大的遗憾是到死也没有真正弄明白过一个问题!”姑且不论这位科学家是过于自谦，还是事实真如他所说的那样，但这位科学家的治学态度却让我们深思：穷其终生精力专注于某一研究项目的科学家尚且如此，那些作风浮躁，频换岗位，这山望着那山高的人又会是怎么样呢?

所幸的是，世间并不是只有奥利拉一人意识到专注的重要，生活中，几乎每个单位或部门都有全力专注于本职的员工，这些人虽说平素不显山不露水，甚至不被领导所赏识，但其几年甚至十几年执着于本职岗位的韧性，却使他们足以成为所从事专业的专家或权威人士。

曾经有一位战士，16年前，当他是一排之长时，即在初品为官甘苦之际，思虑起假如10年以后转业回地方，自己凭什么立身?一番苦思后，将新闻写作作为自己终生所专注的唯一夙愿，并多年执着于此，耕耘不辍，采访、构思、写作成为其军旅中的一大乐事。天道酬勤，15年后，昔日的同窗战友大都因疏于自励在连排职岗位上告别了军旅生涯，而他却凭着常年执着的耕耘成为团职干部，继续着自己的军旅生涯。

专注一时者众，而专注数载者寡。对此，古训说得好：“欲多则心散，心散则志衰，志衰则思不达”。

# 狼性多变

狼的自述：

如果我是一只羊，我想吃的就不仅仅是草。现在草场越来越少，我该怎么办？那我会把我的牙齿磨尖，去寻找生肉，而不是等着被饿死。为了生存，我要学会适应这个多变的世界。

狼有着灵敏的嗅觉和宽阔的视觉，狼能凭借嗅觉和视觉，并依循足迹等线索寻找猎物，如果狼发现猎物所处的形势很有利，就会尽可能悄悄地接近猎物。一旦被狼相中的猎物逃跑时，狼会随后紧追，如果没有办法立即很快追获，便会很快打消念头，立即放弃眼前的猎物，转而寻找其他的猎物，因为，狼宁可选择长期等待而换取长远的胜利，也不愿以生命换取眼前的小利。当狼很快靠近猎物的时候，会咬住猎物后腿踢不到的位置，像肩部、臀部、颈部等。狼为达到目标所使用的策略是变化万千的，这就是狼性的多变，是它们智慧的生存法则，狼也正是凭借这种高明的策略而一次次地捕获进入它们视野的猎物。

狼性的多变，使得狼能一次次地捕获猎物，而作为一个企业，也只有在多变的市场中学会不断地变化，才能不断地前进。俗话说：适者生存，就是这个道理。

2001 年的时候，对全球的 IT 业来说，是一个灰暗的季节，全球的 IT 产业进入了从未有过的低谷，辉煌了 20 年的 PC 在怀旧中度过了自己的生日。面对市场的风云变幻，所有的 PC 厂商都在思索自己的定位，都不甘心只做一个 PC 的制造工厂。不止在一个场合，联想、华硕等国内 IT 行业的佼佼者都声称要做中国的 IBM，因为在 IT 业的寒冬到来的时候，只有 IBM 屹立不倒，在纽约股市上，几乎所有的 IT 股票都大幅跳水，IBM 却连续创造了 52 周的新高，这一现象令所有业内人士称奇。

其实，IBM 之所以能在这样的市场条件下仍然不断地取得成功，并不是因为其庞大的规模，而是其领先的理念与灵活的市场策略使它在变化到来的时候能够应对自如。在 IBM 公布的财务报表上，软件和服务业务为 IBM 总收入的贡献达到了 60%，占总利润的 75%，IBM 已经在不知不觉中转变为一家电子商务时代的服务公司。在 IT 行业竞争激烈的今天，IBM 这种超强的适应市场变化的能力让其他的 PC 厂商十分羡慕。

其实，IBM 之所以比其他同行更胜一筹，只不过是他们更懂得跟着市场去变化。

自然界无时无刻不在发生着变化，有时艳阳高照，有时狂风暴雨，有时风平浪静，有时暗藏杀机。狼要在这样的环境中生存，要时时刻刻面对对手的威胁，要面对很多预想不到的意外，如果不学会变化，不学会灵活应对，就会面临被猎的危险。正因如此，狼才变化多端，才能在如此险恶的自然界中生存。

## 韬晦有度，进退有方

狼性的多变，转化为做事，其实也就是韬晦有度。“韬晦”，即在形势不利于自己的时候，表面上装疯卖傻，给人以碌碌无为的印象，隐藏自己的才能，掩盖内心的真实抱负，以免引起对手或政敌的警觉，耐心等待，在时机成熟的时候，再去实现自己的理想。这不失为一种变通的好方法。或许有人会说这样一来不就有“窝囊”之嫌了。其实不然，面对猖獗的恶势力，只知躲避、退缩而永远都不敢挺身而出，无所作为者，谓之窝囊；而善于从容退让，暂时忍受屈辱，暗地里默默积蓄力量、等候转败为胜的时机，这不是窝囊，而是忍辱负重，此亦韬晦之计，是大智大勇之表现。

韬晦，从字面上来理解，是隐藏、伪装的意思。春秋时代的老子曾有一段名言：“挫其锐，解其纷，和其光，同其尘，是谓玄同。”此即韬晦之术最早的理论化总结。在激烈复杂的政治斗争中，人们的真实面貌和目的常常需要用假象掩盖。中国古代的权术家们很早就学会了在政治斗争实践中运用韬晦的手段，从志向、才能、名望、感情、生理等各个角度和侧面进行掩饰和伪装，从而达到自己的目的。

韬晦常用手法之：在志向方面进行掩饰。

在古代的官场上，剑拔弩张、锋芒毕露者总是容易引起政敌的猜忌和不安，使人感到畏惧和威胁，从而难免树敌过多，招致恩怨，壮志雄心无法实现。与此相反，那些庸庸碌碌、胸无大志的人们，则可以使政敌在心理上产生一种安全感，容易被轻视和忽略，反而能够出人意料地成功。于是，不让自己的宏大志向让别人看到，就成了古代政客们的一种重要的韬晦手法。在时机还没有成熟的时候，权术家的野心和权欲常常隐藏在恬泊淡然或沉湎酒色的背后。他们暂时收敛锋芒，表面上做出一副与世无争的样子，极力掩饰自己的政治志向和权力欲望。中国古代的许多帝王，在发迹之前都有一段韬晦的历史。唐高祖李渊在登位之前就相信自己“骨法非常，必为人主”，后因遭到隋炀帝的猜忌，只得

“纵酒沉湎，纳贿以混其迹”。唐宣宗李忱系宪宗第十三子。宪宗死后，历穆宗、敬宗、文宗、武宗历朝，李忱已成远支，本来皇帝的位子是轮不到他的，但他因“常梦乘龙升天”，暗生冀念，但又深知“此不宜人知者”，于是“愈事韬晦，群居游处，未尝有言”。李渊的“纵酒沉湎”和李忱的“未尝有言”，都是为了掩饰自己的志向和野心。

为了成功，野心和权欲自然是需要掩饰的，即使没有野心和权欲，在某些情况下也要故意做出一副胸无大志的姿态，以避免遭到别人的猜忌，从而保全自己。战国秦将王翦，率倾国兵力60万伐楚，出征之前向秦王“请美田宅园池甚众”，进军之后又先后五次派遣使者返国“请善田”。面对对自己的做法疑惑不解的部将，老谋深算的王翦解释了其中的奥妙：“秦王怚而不信人。今空秦国甲士而专委于我，我不多请田宅为子孙业以自坚，顾令秦王坐而疑我邪?”志在贪图“田宅园池”之类蝇头微利的将军与野心勃勃而又重兵在握的将军相比，会使猜忌的君主更感到放心。

韬晦常用手法之：在才能方面进行掩饰。

一个人要想从事政治活动，没有才能是不行的，而人们的才能由于各种因素存在着很大的差异。在如何选拔政治人才方面，中国古代很早就有人提出了“选贤举能”的主张。但是，这只能是一种理想主义的标准，在政治实践中很难真正地实现，因为权力地位并不是仅仅有才能就能得到的。恰恰相反，在很多场合，才能只不过是权势的影子。权势越大，在别人看来他的才能也就越高，虽然事实并非如此。

在臣子看来，君主永远是圣明伟大的，上司永远是正确高明的，这是中国古代政治现实的必然逻辑。如果臣僚和下属的才能超过了君主和上司而又不知道加以掩饰，其结果往往是不太好。三国时的曹操，对于才能高于自己的下属总是必欲除之而后快，“诸将有计划胜出已者，随以法诛之”。主簿杨修“好学，有俊才”，常能预先洞悉曹操的权谋计划。曹操平汉中，攻守两难，传令当晚的口号是“鸡肋”，众将都不知道这是什么意思。唯杨修曰：“夫鸡肋，食之则无所得，弃之则如可惜，公（曹操）归计决矣。”其实曹操正有如此心意。尽管杨修才华出众，可惜锋芒毕露，三番五次地使曹操相形见绌，终于自掘坟墓，使得曹操对其十分嫉恨，“虑为后患，遂因事杀之”。

中国历史上，有很多嫉才妒能的“曹操”，所以也就不断地上演着“杨修”之类的悲剧。这种血淋淋的政治斗争现实，无时无刻不在提醒着那些暗怀异志或者恃才自傲的政客们：千万不要表现得比你的上司还高明。因为，掩饰自己的才能，便成为政客常用的一个韬晦手段。

《韩非子》中有这样一段记载：商纣王做长夜之饮，昏醉不知昼夜，“问其左右，尽不知也”，又派使者问于贤人箕子。箕子深深懂得：“一国皆不知，而我独知之，吾其危矣。”于是略施韬晦小计，亦假装昏醉，“辞以醉而不知”。

韬晦常用手法之：在名望方面进行掩饰。

政客们在政治斗争中追逐的不仅仅是权力，还有名望。权力与名望之间有着密切的关系，权力固然可以带来一定的名望，而名望同样有助于获取和巩固权力。欧洲的马基雅维里认为：“那些皇帝或者由于上代没有遗下伟大的声誉，或者由于自己没有本领获得伟大的声誉足以驾驭军队与人民双方，他们总是会灭亡的”。中国古代的政治家们也十分强调君主必须树威立信、沽名钓誉。权力和名望都是统治者追求的目标。如同志向、才能一样，别人的名望也会使权势者感到一种威胁。中国古代的权势者们，没有谁能够容忍臣僚和下属的名望超越自己。民众感恩戴德和尊敬崇拜的对象，只能是最高的统治者们，绝不允许有别的人和他们分享。在一些情况下，深孚众望的忠臣志士也许比声名狼藉的贪官污吏更会使君主感到疑忌不安。历史上有很多这样的事例，那些声誉鹊起的臣属不得不有意识地自己破坏自己的形象，自己给自己抹黑栽赃，通过自污以求自保。战国魏国公子信陵君，“为人仁而下士，士无贤不肖皆谦而礼交之。不敢以其富贵骄士。士以此方数千里争往归之”。当秦国攻打赵国时，信陵君为了魏、赵两国的利益，不顾魏王的反对，毅然窃符救赵，建立了功勋，从此名望更加显赫一时。这种“诸侯徒闻魏公子，不闻魏王”的状况，让魏王没有办法容忍。此时的秦国趁机施行离间计，魏王便剥夺了信陵君的实权。信陵君尽管大权旁落，但名望犹在，在魏王看来仍然是潜在的威胁。为了保护自己，信陵君“谢病不朝，与宾客为长夜饮，饮醇酒，多近妇女”，自污韬晦。西汉初年的名相萧何也有一段与信陵君类似的遭遇。他忠心辅佐汉高祖刘邦，“拊循勉力百姓”，“得百姓心”。对于新建政权的巩固本来是一件好事，但是对刘邦来说，却是一种无形的威胁。萧何曾建议将皇苑改为民田，刘邦认为这是丞相收买民心、为个人邀誉，大怒之下将其逮捕入狱。后来释放萧何时，刘邦还悻悻然挖苦说：“相国为民请苑，吾不许。我不过为桀、纣主，而相国为贤相。吾故系相国，欲令百姓闻吾过也”。相反，当萧何听从门客的建议，“多买田地，贱赊贷以自污”，以致造成百姓纷纷告发相国强行贱买民田时，刘邦却由衷感到了宽慰和喜悦：“上心乃安”，“上乃大悦”。可见，为了自保，萧何运用自我贬声望的韬晦之术，还真是迷惑了刘邦，但这也是他当时无奈的选择。

韬晦常用手法之：在生理方面进行掩饰。

有的政客为了麻痹敌人，在生理方面制造假象，使其放松警惕、不加提防，常常也会收到出人意料的效果。从生理方面进行掩饰，最便利的方法莫过于装疯卖傻。因为精神病人是不会对一个正常的人构成政治上的威胁，也没有人会同疯子进行认真的政治较量。所以装疯卖傻挽救了不少古代政界中人的厄运。明代前期，燕王朱棣素有登临大位的野心。僧人道衍自言："大王使臣得侍，奉一白帽与大王戴"。"王"戴"白"帽，是为"皇"也。朱棣遂以道衍为傅。建文帝即位后，朱棣深怀不满，图谋取而代之。当密谋被提前泄露的时候，朱棣"乃佯狂称疾，走呼市中，夺酒食，语多妄乱，或卧土壤，弥日不苏"，"盛夏围炉摇颤曰：'寒甚'。"这番"佯狂"使"朝廷稍信之"，为朱棣赢得了起兵反叛的时间。《水浒传》中描写宋江因在浔阳楼吟反诗被官府捉拿时，无奈之下，也只得装疯卖傻："披散头发，倒在尿屎坑里滚"，"白着眼，却乱打将来"，"口里胡言乱语"。只可惜，宋江的本领不到家，这个计谋被人识破，宋江没有能逃脱一场囹圄之灾。这虽是一段文学性的描写，但也反映出装疯卖傻以求自保的韬晦手段在政治斗争中是很常见的。

韬晦常用手法之：故作病重垂危的姿态。

风烛残年、久卧病榻、奄奄一息、不久将不在人世的人，即使不能令政敌产生恻隐之心，至少也可以使他们稍觉安心，这样就没有能力和精力再与自己为敌。在中国古代历史上，这种韬晦手段最成功的表演者，大概要数老奸巨猾的司马懿了。曹魏末年，司马懿与皇族曹爽共受遗诏辅政。在两人争权夺利过程中，司马懿以退为进，"称疾困笃，示以羸形"。当曹爽派人借机伺察时，司马懿装出了一副"年老沈疾、死在旦夕"的模样："宣王（司马懿）令两婢侍边，持衣，衣落；复上指口，言渴求饮，婢进粥，宣王持杯饮粥，粥皆流出沾胸"，言谈中又"佯为昏谬"，"错乱其辞，状如荒语"。曹爽果然上当，不再把这位"垂死"的"糊涂老人"放在心上。时隔不久，司马懿趁曹爽奉魏帝朝陵之机发动兵变。曹爽及其同党"皆伏诛，夷三族"。可见，司马懿的这招韬晦之术用得有多么熟练，多么成功。

当然，历史上的韬晦之术还有很多。

对于每个人来说，生命都是很重要的，只有使自己先存活下来，才能有机会建立卓越的功勋。

**朱元璋的韬晦之计**

朱元璋"缓称王"。朱元璋在称王之前，一直都用小明王的"龙凤"

年号，自己却不称王，而在他的周围很多人都已经称王了。在长江的中游，陈友谅，先扶了徐寿辉当了皇帝，后来他把徐寿辉杀了，自己就称王称帝。张士诚也称了吴王，方国珍称王，明玉珍称王，可就只有朱元璋不称王。另外，朱元璋在和敌军作战的时候善于保护自己。刘福通曾经派三路军北伐中原，有的从山东走，有的从河北走，打到大都以北，进了蒙古草原，烧了上都的宫殿。还有一路打到陕西、四川那边，后来这三路都失败了。可是朱元璋没有参加这支军队。在别人北伐的时候，他的势力却在趁机发展壮大。元朝末年有一个元朝倚靠的重要将领叫作察罕帖木儿。察罕帖木儿的势力曾经一度非常强大，察罕帖木儿攻下济南以后，想进军南下。这时候朱元璋的态度却很暧昧，察罕帖木儿就把情况报告给元朝，说这个朱元璋可以利用，于是元朝就派了使节从海路走到集庆这个地方，赐给他龙衣、御酒，封他为荣禄大夫、江西等处行中书省平章。所以有人就怀疑朱元璋可能要投降元朝，可事实上没有。其实，朱元璋和察罕的往来是为了缓解察罕向南方进军的压力，这是朱元璋的一种策略。察罕死了以后，他的儿子叫扩廓帖木儿，他实际上是汉人，汉文名字叫王保保。王保保仍然有一支强大的军队，是朱元璋主要的对手之一。他和王保保仍然有书信来往，他给王保保写信联络感情，过去叫“通好”，先后达七次之多。虽然没有实质性的交往，但是可以看出，朱元璋在复杂的形势面前，他会设法缓解敌人对自己的压力，将韬晦策略可谓用得得心应手。

在很大程度上，韬晦之计虽然是封建专制统治重压之下的人们为了自保而不得不采取的一种特殊的避祸方法，但是，韬晦之计的各种形式仍然显示出人们的智慧。韬晦之计有明确的目的性与功利性，具有极强的主观意识。韬晦之计又有极强的进取性，虽然在表面上看来有许多的退却忍让，但却从另一个侧面显示出了人的韧性，显示出了一个人忍辱负重的内在力量。

**斯坎德的韬晦术**

斯坎德，中世纪阿尔巴尼亚的民族英雄。但在很长的一段时间，他曾经作为土耳其苏丹的宠臣，统治着阿尔巴尼亚的人民。当时，土耳其已经侵占了阿尔巴尼亚，为什么斯坎德甘心情愿地为其主子效劳呢？既然他是侵略者的一个工具，为什么又会被称为民族英雄呢？

其实，对于土耳其侵略阿尔巴尼亚的行径，斯坎德是深恶痛绝的，尤其是在他幼年的时候，曾被作为人质扣留在土耳其。仇恨的种子深深地埋在他的心坎中。但他是个有心计的人，使用韬晦之术，取得了土耳其苏丹的欢心。苏丹送他进军事学校学习，并委以重任。他也俨然以土耳其的贵族自居，似乎已经忘了自己是一个阿尔巴尼亚人，忘了土耳其对自己民族的侵略。

在取得土耳其苏丹的信任，特别是当上了阿尔巴尼亚行政长官之后，斯坎德就开始与各地的反土耳其力量联络，百姓们也希望他能够领导阿尔巴尼亚人民进行复国运动。但斯坎德认为时机还未成熟，不能轻举妄动，否则就要前功尽弃，而且还会给国家和人民带来更大的灾难。

后来，被土耳其占领的匈牙利人民爆发了起义，斗争的烈火越烧越旺，土耳其统治者为了镇压起义，从阿尔巴尼亚抽调兵力。斯坎德认为反土的时机已到，他从紧张的前线抽兵回地拉那，以迅雷不及掩耳之势，控制了阿尔巴尼亚的所有军事要塞，完成了国家复兴的任务。

后来，土耳其调集大量军队攻打阿尔巴尼亚，斯坎德将部队化整为零，巧妙地隐蔽起来，并且传出风声："斯坎德已经躲进深山老林。"

其实，这不过是斯坎德的又一韬晦之计，他自知不是土耳其军的对手，也了解阿尔巴尼亚各部族首领的妥协动摇性，所以从公开的战场转入到地下斗争。他不失时机地调动部队，并加以集结和训练。正当土耳其庆贺再次征服阿尔巴尼亚时，斯坎德的大军犹如从天而降一般，出现在地拉那附近，包围了目瞪口呆的土耳其人。

这次战争胜利以后，斯坎德牢牢地控制了阿尔巴尼亚的局面，不仅使侵略者闻风丧胆，那些动摇和妥协的贵族也信服了斯坎德。一个新兴的阿尔巴尼亚在欧洲逐步强大起来。

从中我们不难看出，如果斯坎德没有韬晦之策，他能不能取得最后的胜利就是一个未知数了。

在下面的故事中，我们将看到聪明的村长是怎样运用智谋十分巧妙地将自己真实求人的意图隐藏起来，而以假象迷惑对方，以此稳定他人情绪，确保其沿着自己的思考轨迹行动，实现自己想要实现的目标。

思古量今，以史为鉴，以事明理，以理示人，综合时势，与时俱进，循循善诱……金言玉语可谓很多，无论是在激烈的残酷的政治斗争中，还是在平凡的现实生活中，都应懂得进退之道和韬晦之计，以便保存自身，图谋长远。

韬晦之计，铸就了无数的成功者，所以，要想成功的我们更应该认真学习这一法则，韬晦之计又因其极大的隐蔽性而具有极强的实效性，它往往攻其不备而出奇制胜，取得事半功倍的效果。正确使用韬晦之计，是把握中国古代人生智慧的重要内容之一。当然，区分在使用韬晦之计经验时的善恶美丑表现也是必要的，因为任何手段只是达到目的的途径，

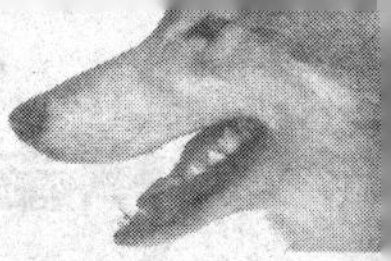

绝不能代替目的本身。韬晦有度，永远是智慧的形式之一，也是狼性智慧深层次的延伸。

人活一世，草木一秋，因此，我们在生活无论遇到什么事，一定要学会韬晦有度，该进时则进，该退时则退，在遭遇到失败和打击时，要之所隐忍，反求诸己，不可一味地盲目冲刺，意气用事，甚至失掉理智，怒目横视，陷自己于绝境之中。

海里有一种鱼叫马嘉，其肉质鲜美，甚为渔人所喜爱。由于马嘉常潜藏于深海之中，不易捕捉，但是当春夏两季生产幼鱼时，会随着潮水浮现水面，这就是渔人的大好时机了。

虽然，马嘉行动敏捷，聪明异常，如有一点风吹草动，它便会立刻逃之夭夭，但它却有一个致命的弱点，便是生性倔强，不知进退。

渔人深知它的这一弱点，于是，就将马嘉赶往一面网中。

一旦它游过来碰触到网时，就会愈朝前行；这样它也就愈陷愈深，愈是恼怒，于是鳃也张了开来，鳍也伸展开了，就这样，它被挂在了网的眼孔上，无法挣脱，也只好束手就擒。

其实，在马嘉触网时，如果不逞强也就不会一头栽进网里了；即使进了网，如果它不生气动怒，鳃鳍也就不会齐张，那么它也不会挂在网上，束手无策了。其实，生活中很多人就像马嘉一样，它并非死在渔人手里，而是死在了自己的脾气上。

所以，不要枉费了你的生命，要少追求物质，多追求理想。因为只有理想才赋予你人生以意义，只有理想才使人生具有永恒的生存价值。

古代一位哲人曾说过，世界上有两种人，一种是刺猬，一种是狐狸。刺猬遇事只有竖起刺一招，而狐狸却可以随机应变，灵活运用。其实，论人生处世，论人生进退，又何尝不是如此？“刺猬”只是一味的进，或一味的退，最终走向了极端。而“狐狸”却依实际情况采取不同的措施。难怪哲人会说，做人还是像狐狸好一点。是进是退，应该根据具体情况来定夺。

事实的确如此。成功对于每个人来说都是可贵的，但是它也是有度可言的，做事进退都要去看待时机。而自然界的动物中狼对这一点的运用可以说是任何动物都无法比拟的，它们把这个度把握的恰到好处，看时机进退，并最终获得了胜利。

人生艺术，也应当像狼一样懂得进退适时，取舍得当。因为生活本身即是一种悖论：一方面，它让我们依恋生活的馈赠；另一方面，它又注定了我们对这些礼物最终的弃绝。正如先师们所说的那样：人活一辈子，应当紧握双拳而来，平摊两手而去。

在《三国演义》中诸葛亮的神机妙算，进退有度，适可而止的那种大度，使得他永垂千古。诸葛亮三气周瑜，周瑜总是哀叹“既生瑜，何生亮”，在他说出这句话的时候，就已说明了诸葛亮和他不是同一个层次的。如果当时他先退一步，拿卧薪尝胆这个故事来激励自己一下的话，那么，到最后他也就不会郁愤而死，恐怕历史也将被改写。

再回头看看诸葛亮，当年的神机妙算逼曹操败走华容道的时候，如果他想置曹操于死地，可以派任何一员大将就会把曹操解决掉，但他没有这样做。因为他知道，以当时刘备的势力不足以镇天下，如果没了曹操，就会有更多的诸侯纷争，那对他们将会更不利。所以，他以退为进，派关羽去拦截曹操。因为他知道曹操有恩于关羽，关羽也是一个知恩图报的性情中人，绝对不会杀害曹操。所以才留得了曹操的性命，但也给他自己留了更大的空间。

虽然每个人都不喜欢那些咄咄逼人，无理也要争三分的人，但有些时候你该出手时就得果断的出手，而有些事情你该后退一步，你还得后退。你给别人留出一步距离的同时，也给自己露出了一片灿烂的晴天。

韬晦有度，适时知进退方知人生，有时候退一步，真的会海阔天空。如果一个人只是进，是走不通的。人生之路何其坎坷。有高耸入云，寒不可御的雪山；也有深不见底，让人望而却步的悬崖。面对这些阻碍，你会如何做呢？“勇敢”地去攀上雪峰？但历史上多少骄子死在了“高寒”之处。还是“无畏”地跳下悬崖？而那也只能使你粉身碎骨，你是永远无法达到幸福彼岸的。这时候，我们只有选择退，我们只能越过高山与悬崖，才能最终到达成功的地方。

当然，只有退，没有进也是万万不可能的。有句话叫作：逆水行舟，不进则退。人生是一个奋斗的过程，我们有理想在远方闪耀，有希望在彼岸召唤。我们当然要向着它们前行。一味地退，我们也只能站在原点上，像一个懦夫一样在别人成功的欢笑声中碌碌无为。在实际的生活当中，进退体现在更微小的事物上。在工作学习中，我们当然要进，但也不能一味的进，谁也不是永动的机器，所以，学习之后适当的休息也是必需的，这样才会取得事半功倍的效果。日常生活中，与父母、朋友或别人有了争执，有了误解，怎么办？斤斤计较？还是得理不饶人？当然不，这时候，我们应该选择退。但只退让就算了吗？我们还要在退的同时懂得进，去解决问题，化解矛盾，向对方说明情况，解除彼此间的误会，有自己不对的地方一定要主动道歉，对别人的错误也要适度谅解。而这也就是所谓的人生进退有度。

北宋文学家、书画家、唐宋八大家之一的苏东坡，最可谓深明其理，

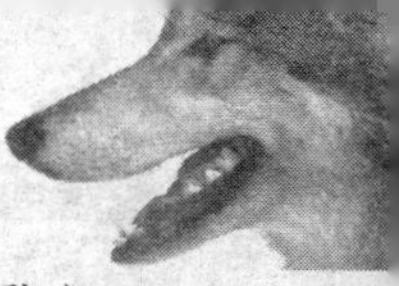

他不但具有儒家思想，而且还具有道家思想。在“高寒”中他遇政敌之陷害，被贬到海南岛，但他却依然能自得其乐。进退皆能。可谓大丈夫能屈能伸，这样的例子比比皆是，可以说都是我们学习的榜样。所以，人生进退应具体而论，进中有退，退中当有进。进与退乃是紧密结合的一个实体，是缺一不可的组合。就像太阳和月亮，白天与黑夜一样不可缺少。

## 功成身退，见好就收

狼除了捕捉一些弱小的野生动物作为自己的盘中佳肴外，也会捕捉羊、牦牛等家畜。

狼在捕获一些家畜时，动作是十分敏捷的。它往往会乘其不备，猛扑上去，首先咬断其喉管和动脉血管，然后拼命吸取它们的血液，使牲畜失去抵抗力，迅速死亡。

如果一只狼能够顺利地蹿进羊圈，它一夜间能咬死数十只羊。而实际上它顶多只能吃上一只，这就是狼为什么被认为是凶残的动物的原因之一。狼平时捕食的家畜主要是羊，因为羊的体形小、怯懦、容易捕捉。尤其是那些小羊羔，更是它们轻而易举就能得到的猎物。

一个老牧民讲过这样一件事：某日，他在山上放羊，突遭暴风雪袭击，羊群惊散，四处奔跑。正当他忙于拦堵羊群时，一条狼猛扑过来，叼起一只小羊，拔腿就跑，让人防不胜防。其实，狼在把猎物捕获到手之后，就会迅速离开，决不逗留，可谓“功成身退”。而进一步的引申，也就是急流勇退，见好就收。也难怪这一法则从古至今在政治上运用之妙了。

老子的《道德经》中有一句话是“不自矜，故长”。说的就是功成身退的道理。

“不自矜”，就是不自高自大。自高自大则不思进取，而大道是无止境的。圣人治国，始终保持谦逊的态度，不搞个人崇拜，并深明功成身退的哲理，有上有下才是“曲”，进是为了人民，退也是为了人民。只有让后备力量跟上来，国家才能持久安定，社会才能持续发展。领导职务终身制，是社会停滞不前及政治腐败的最大祸根。圣人功成身退，不但与己无损，反而更加美化了他的光辉形象。历史上有很多名人，都深谙功成身退的道理，从而，不但保全了自己，而且也使自己在后人眼中的形象更加高大。

### 选择恰到好处的退出时机

“在某一个特定的时刻，你必须要让自己停下。”这是准备退出国际赛场的法国球星奇内丁·齐达内说的一句话。就在32岁的齐达内决定宣布挂靴的前几天，英国最优秀的足球天才之一保罗·斯科尔斯宣布他将退出国家队，尽管他正值29岁盛年，在赛场上还可以再拼几年。

就像球场上一脚漂亮的任意球一样，选择在恰当的时机退出对任何一个人来说都是非常重要的。不管年轻人在赛场上的运动年龄有多大，他们做到了许多商界、政界领袖不可能做到的事情：在事业的巅峰，很多人选择了急流勇退，去过另外一种生活。

选择恰当的时机退出自己多年拼搏的那个舞台，一直是许多领导者所面临的最艰难的挑战之一。“要想在自身、家庭的利益和事业的利益之间取得平衡，永远是个难题。”DDI公司英国分公司总经理斯蒂夫·纽霍尔如是说。DDI是一家总部设在美国的人力管理咨询公司。“有时候，能干的领导者在达到事业巅峰之后仍在继续干，是因为找不到合适的继承人。你可以认为，领导者也应该像对待其他任何事情一样，要重视有关自己的继任问题。”他进一步补充说。

体育世界另一个达到巅峰却急流勇退的典型例子是英格兰橄榄球队前队长马丁·约翰逊。他自传的封面上是约翰逊一张带着伤但神情高兴的照片，2003年11月在悉尼夺得橄榄球世界杯后，他正高高举起奖杯。他这张兴高采烈的照片记录了他作为英格兰国脚的最后时刻：退役的最好时机已经到来。

但是，在有些人看来，也许他挂靴的时候还没到呢。英国足球俱乐部曼彻斯特联队的主教练阿历克斯·福格森，早在2001年就宣布了他的退休计划，在接下来的一年里他又推翻了自己的决定。迪斯尼董事罗伊·迪斯尼和斯坦利·戈尔德曾领导对迪斯尼首席执行官迈克尔·埃斯纳不满的股东，逼埃斯纳下台，埃斯纳对此坚决抵制；还有托尼·布莱尔，有报道称他正考虑今年夏天辞职，对此，他公开表示，他有意领导英国工党第三次赢得全国大选。

见好就收，固然是件好事，可问题是许多人却不想见好就收，不想功成身退，因为他们放不下荣誉，放不下掌声，放不下太多太多。

巧妙运用狼的这一生存法则，在生活中自然会给我们带来很多的实惠。而功成身退，做到不拖泥带水，也不是一件容易的事，毕竟现有的舒适生活、条件或成就是自己辛辛苦苦“闯天下”打下来的，让任何一个人轻易地放弃这一切都是一件困难的事。

1815年6月18日清晨，拿破仑又一次来检阅军队，他不会想到，这将是他的最后一次检阅。之后，法军向滑铁卢开始猛攻，英国步炮兵以密集火力迎击，苏格兰骑兵跃马反击突袭的敌人。

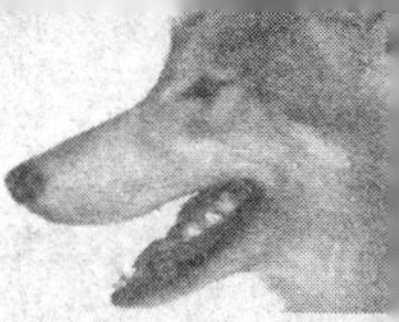

傍晚时分，在拿破仑的亲自率领之下，近卫队冲入英军的纵深处，在此决定胜负的关键时刻，法军右翼突然传来炮弹的轰鸣和骑兵的呐喊——布吕歇尔率 3 万普鲁士军赶来参战！拿破仑没有让部队停下，而是下令继续进攻，并期望追击普军的格鲁希元帅能够随后赶到支援。

时间已经到了夜里，普军冲破了法军的右侧阵营，拿破仑手下失去控制的部队向南四散奔逃，直至第二天才被收容起来，然而，因为丢失了所有的大炮，无法再继续战斗。战场上遗弃下 2.5 万名死伤的法国军人和 2.2 万名死伤的英普联军官兵，哀号之声响彻整个野外，这凄惨的场景，成为滑铁卢战场上最后的一幕。

战役结束后，拿破仑回到巴黎宣布退位。他在去美洲之时被英舰截获，流放到南大西洋的圣赫勒那岛上，1821 年凄惨地死在那里。

拿破仑一生曾取得了辉煌的战绩，其成就远远超过此前的名帅亚历山大、汉尼拔、恺撒和菲德列大帝等世界著名统帅，但由于他不懂得急流勇退，一心想成为世界的主人。但最后也只能是先陷于西班牙游击泥潭，再败于莫斯科，功业终结于滑铁卢。如果拿破仑能够及时地见好就收——不攻打滑铁卢，也能够在原有的基础上取得更大的成就。可一切都已经晚了，能够让我们深思的也只有：当退则退，当收就收，人生不能太过于贪心。

汉朝的一位重臣东方朔，也是一个懂得功成身退的人。当年，汉武帝刘彻为太子时，结交了布衣之交张汤、灌夫、李陵、郭舍人等。一群年轻人自视为“太子党”，怀着建功立业的共同梦想。而刘彻祖母窦太后却因维护窦氏外戚家族既得利益，千方百计欲废掉太子刘彻，让小儿子梁王取代刘彻的未来天子之位。

年轻的刘彻身处险境而自己却一点都不知道，是奇人东方朔，几次为他指点迷津，使他屡屡有惊无险、逢凶化吉。最后刘彻终于棋高一招，登上了皇帝的宝座。

在贤臣的辅助之下，汉武帝奋发图强，内平叛乱，北胜匈奴，结束了只靠“和亲”维持屈辱和平的 70 年汉朝历史，把汉朝推向最强盛的峰巅，开创了一个盛世的太平汉朝景象。

但是，在这个时候，本可以加官晋爵享受荣华富贵的东方朔，却功成身退，远走高飞，消失得无影无踪。

特别是在你已经预见到了将来的生存危机，而你想追求的又是另外一种生活的时候，不妨做个有先见之明的人，在恰当的时候选择毫不犹豫地“功成身退”，现在的社会给我们提供了相当宽松的环境和各种各样的机遇，能不能够把握住有利的时机关键还在于个人。

# 狼性心态

狼的自述：

我，一生都在不断地向高处攀登，不是为了虚幻的荣耀和显赫，只是因为那里没有同类的倾轧，更很少有天灾的侵害。我保持高昂的热情，不惜忍辱负重，当我置身于群山之巅面对天高地阔，没有谁会看见我狰狞的微笑。

狼，是陆地上生物中最高的食物链中的一员。由于有狼的存在，其他野生动物才得以淘汰老、弱、病、残的不良族群；也因为有狼的威胁存在，其他野生动物才被迫进化得更高一层，以免被狼淘汰。所以自然界的生态才会处于一种平衡状态。没有狼的存在，将出现良莠不齐、传染病泛滥的局面。不利于生命的稳定，健康的平衡和发展。况且，狼是群居动物中秩序和纪律最严明的族群。

## 理性地克制自己

狼应该是自然界最有理性的动物，我们并不否认老虎的威猛、狐狸的狡猾，但威猛和狡猾并不代表理性。狼的心态是理性的心态，它能最理性地克制自己。

我们可以看到一只狼在荒野中为自己的目标守候数天，直到自己的猎物失去生存下去的勇气为止；我们还可以看到，面对体型较大的动物时，狼群在观望，没有确定的把握时，即使它们很饥饿，也不会贸然行事。这就是狼的理性，一种动物界最伟大的理性。

人生中，理性地克制自己也是非常必要的。

理性是人性的集中表现，也是人智慧的最大体现。如果一个人失去了理性，也就是失去了人性中最基本的一些东西。

理性当然不会是与生俱来的，是经过数年的积累而存在的。一个理性健全的人，会在社会实践中不断认识到理性的作用和力量，从而有意识地加强自己的理性并且融会贯通、举一反三，在理性领域里向各个方向发展，逐步成为一个完美的人。

汉初三杰之一的张良就是一个非常理性的人。张良年轻的时候就以谦恭、好学、智慧闻名。“桥下拣鞋，拜师学艺”的故事说的就是张良，他也因此从无名老人那里得到《太公兵法》，辅助刘邦夺取天下。

张良一心一意追随刘邦打天下。运用所学所知，运筹帷幄，决胜千里，经常在危急时刻扭转时局。平定天下以后，刘邦要奖赏给张良齐国的三万户百姓，张良谢绝说：“我与陛下的相会，才得以施展自己的抱负。陛下用我的计策，并万幸成功，这不过是我的运气好，没有陛下就没有我张良。”

由于张良的谦逊和理性，使得多疑的刘邦也没有对他大加猜疑，使张良没有成为韩信似的悲剧人物。

张良因理性和谦恭获得了真才实学，又因理性和谦恭获得赏识和安全，说明他的智慧过人，识时务。所以时下的我们无论在什么时候都应该拥有智慧，并时刻处于理性的状态之下。

三国人物，以刘备和关羽为诸人所熟知，不过，他们都惨败在一个当时名不见经传的小角色手下，最后忧愤而死，这匹一鸣惊人以小胜大的黑马，就是东吴的陆逊。

陆逊的出现可以说丰富了三国智慧，他的表现却是震烁古今的。关羽当时威震中原，连曹操都被关羽的北伐大军吓得想迁都，但最后关羽却是中了陆逊的计，死于一名不见经传的“小儿”之手。关羽的大哥刘备下场同样如此，在战阵上打滚数十年的刘备，一开始东征孙权如秋风扫落叶，无往不利，但碰到陆逊后，却丢盔卸甲，最后落荒而逃。

陆逊之所以能够屡屡击败这些当时纵横天下的枭雄，除了过人的智能外，他理性的头脑是重中之重。

陆逊以“小儿”之才想做东吴的大都督无疑是痴人做梦，但恰在这时，吕蒙是东吴大都督，他一心想夺回被关羽盘踞的荆州，但却苦无良策。陆逊亲自去见吕蒙，献上了让关羽“骄兵必败”之计。当时，吕蒙没有听从。

到后来吕蒙病重辞职，就是依陆逊的方法，推荐“小儿”陆逊接手东吴和荆州边境的相关防务，以松弛关羽心防。

这个时候，本来很理性的陆逊更加理性了，他自知关羽乃一代名将，非计不可取之。他接手后，先写信给关羽，自称才能不足，希望关羽手下留情，双方当好邻居，他先示弱了。关羽也认为陆逊不足为患，因而专心北伐曹操，把原本防卫东吴的兵，都抽调到北方战场。

陆逊探知消息，立刻写信通知孙权和吕蒙，于是孙权派吕蒙和陆逊为前锋，乘机策反关羽的大后方，并派兵一举攻克荆州。关羽这时正和曹操打得如火如荼，听到后方有变，虽然率军回救，但终因两面受敌，最后还是兵败身死。这招计杀关羽可说是陆逊初试啼声之作。

关羽的死讯传至蜀汉，大哥刘备自认为是被东吴害死的，因此在称帝后第一件事就是进攻东吴。开战后蜀汉大军节节胜利，而当时东吴著名智将周瑜、鲁肃、吕蒙等早已病亡，正是内外危急之时，非常理性的孙权任命陆逊当大都督率兵抵抗。

当时东吴发展得也非常强大，孙权的部将们对陆逊避免和蜀汉决战、只会坚守的策略不服，因此不听陆逊的调度，质问他为何畏战。

当上大都督的陆逊非常理性地回答："刘备节节胜利，锐气正盛，我方出战只是空损兵折将，只有让对方求战不得，消磨对方锐气，然后再用计消灭。"

但是众将认为这都是推托之辞，陆逊并没有受到众将的影响，他召集诸将厉声说："主上认为我能忍辱负重，才把这工作交给我，以后谁不听令，军法从事！"

陆逊以理性的分析给了刘备当头一棒，刘备想故意示弱诱出东吴大军以速战速决，也被陆逊识破。蜀汉求战不得，战士开始有了倦怠感。

陆逊见时机成熟，命将士人手一只火把，冲进蜀军阵营放火，蜀汉没料到东吴竟然主动出击，又被火攻个手忙脚乱，溃不成军，尸首塞满江面，刘备勉强突围才逃入白帝城，事后慨叹："我竟然被陆逊所辱，难道是天意？"

当时刘备的水陆军物资全都丧尽，东吴诸将纷纷建议乘胜追击，一举活捉刘备。这时候，无论换作谁，都会活捉刘备的，因为这是千古之功，足以流传百世。但陆逊却依旧能够理性的克制自己，他认为，要留刘备一条活路。因为当时北方曹丕正大集军马，如果在进攻刘备时，曹丕突然入侵，变成两面受敌，不如留着刘备，以牵制曹丕，分担东吴的压力。

陆逊因为打败了刘备而声名大噪，刘备经此惨败没多久就去世，后来陆逊更被孙权拔擢为丞相。清朝文学家毛纶、毛宗岗父子认为陆逊受命于危难之际，最后让国家转危为安，比周瑜当时国家正处巅峰、顺势打败曹操的难度更高，因此陆逊的评价应在周瑜之上。

其实，从陆逊的这一生的丰功伟绩上来看，理性是他最大特点，他从不大脑发热，也不受易受别人的影响。依从当时最佳的战略时机，给敌人最致命的打击。可见，理性是成功的智慧，是大智慧。

## 事在人为

事在人为也是一个重要的狼性心态。所谓机遇只是成功的一个有利条件，能否取得成功最终要取决于一个人的主观努力。

小李第一次去打保龄球的时候，是和几个朋友一块去的。会打的朋友大致地指点了几句：怎么站、怎么掷球、怎么瞄准方向。每一局他都按照他们的话认认真真地做了，结果却很不一样：有时，明明是笔直地掷出去，却滚着滚着就偏了方向，眼睁睁地看着它滚进沟里，但也没有办法；有时球出手时就已经偏了，到了尽头只刚刚能碰到最边上的球棒，却不知怎么搞的，那棒球横向一倒，旁边的球棒也就跟着一个一个地倒下了。

看到这些，小李渐渐地生出了一些感慨：也许，人生就像是一局保龄球，而成功也就是那些静静等待的球棒，我们一生中所有的选择和努力，都是站在一定距离以外，尽量投出最完美的一掷。然而，球脱手的刹那，也就是将他交给命运到底能否击中；能击中多少，会不会像我们所希望的那样，打出最辉煌的大满贯，这些都只能看那命运之手了。想到这儿，小李有一点沮丧，觉得成功好像不是自己所能控制的。但就在这个时候，他忽然注意到他旁边的一位长者：只见这位长者一手执球，在木地板上助跑几步，止步，身子略略下蹲，右手顺势一扔，球稳稳出手，直扑终点，轻轻松松就打了个大满贯，整套动作流畅优美。他连打几局，身手很利落，有一局他一击过后，只剩下一个球棒，孤零零地站在偏远的角落里，位置很不好，我想这次完了，肯定打不中，没想到第二击，他只是看似随便的一掷，球便很自然向那个方向偏移，到达终点时，刚好不偏不斜地打中了那个“种子选手”。

看了这一幕，小李的心情又在刹那间豁然开朗，他想，虽然球脱离了手，但它也从来没有离开过人的控制，它的方向、速度、轻重，早在出手之前便已被精确地计算过，并被赋注于球。每个大满贯都不是一件偶然的事，而是有着个人主观的努力，是事在人为的结果。虽然这只是一场游戏，但能玩得如此精彩，背后都是包含了玩家不少经验、智慧和艰辛的；有了这样的把握，才有可能坦然向幸福挑战：成，是天道酬勤；败，是学艺不精。从头再来，输和赢都在自己的掌心，与天意无关，关键是事在人为。

只要你想做，并且能够下定决心努力去实现你定下的目标，你就可能得到成功。

在一生当中，总会有许多不如意的事发生，如：家人受伤或生病，主动辞职或被解雇，甚至提前下岗。或是天灾如地震、洪水、旱灾以及火灾、火车相撞、飞机坠毁等交通事故。人们对待这些事情的态度不外乎两种：坚强面对或难以自拔。其实一切事在人为，只要自己努力地生存发展，就能将这些痛苦击碎甚至能使某些事情不会出现。这就是事在人为的巨大力量。

读过《五体不完整》这本书的人可能都会明白，那个记不得名字的，连四肢都没有的却又以顽强毅力成为生活强者的主人公的种种事迹，都体现了这么一个道理——事在人为。在人生的道路上，如果你选择的途径是正确的，并且为之而努力，那么你就会成为生活中真正的强者。

不要因为一时的失败就丧失了信心，也不要因为别人的一句嘲讽就心灰意冷，更不要因为一次又一次的失败而痛苦得原地踏步。要想做一个生活的强者，就要勇敢地面对痛苦，勇敢地面对失败。

有一个人，因为无法承受学习成绩突然下降的打击，得了强迫症，濒临休学治病。可以说，这样的结果有社会、学校，乃至家庭给他的巨大压力，但也不可否认，他自身才是最主要的原因。英国有一句名言："如果能攻克失败并站起来，你就一定能摆脱重压，开始一个新的生活。然后你就能走上正轨并再一次一切顺利。"一个人，要勇于从痛苦中走出，开始新生活，要明白"事在人为"。

人生的道路也好，执行计划的过程中也好，有许多事情都是我们意想不到的，是先前无法预知的，所以不可避免地会遇到很多严重的困难。这是对一个人素质的严峻考验。有的人面对这种困境能够镇定从容，处变不惊，并迅速地找到应对的妥善办法，从而圆满地做好自己该做的事。可更多的人却总是惊慌失措，悲观失望，无所作为，结果只能是陷入困境而无法自拔。这就是成功者和失败者之间的差别，这也是"人为"的关键所在。

做人难，而要想做个优秀的人更难。但是只要在做事的时候，能够讲究方法策略，能够出奇制胜，你同样可以做一个优秀的人，做到"事在人为"。做一件事情，可能常常会失败，但失败并不是重要的。爱迪生说过，"失败也是我所要的"。只要你经得起失败的考验，你就会有成功的一刻。

人人都知道，美国的国父是华盛顿，历史学家却又补充说到，美国的救世主则是林肯，没有林肯，美国很可能会因种族不平等而解体。这位拯救美国开国以来最危险局面的英雄，他出身贫寒，历经劳苦坎坷，不论是在家庭、事业还是在政治方面，都屡次的遭到打击，一直到他在51岁的时候成为总统之前，几乎没有可交出的像样的履历表，我们可以看一下：

7岁家里没有了房子，他开始打工。

9岁那位爱他的妈妈过世，林肯还是个害羞的孩子。

22岁店员工作丢了，报考法律学校被拒绝。

23 岁开始和人同伙做生意，三年后同伴死亡，留下他多年来还债。

26 岁（年轻时）曾有恋爱，但第一个爱人心绞痛，死了。

28 岁与另一个爱了四年的女子求婚，被拒绝。

37 岁第三次参选才选上国会议员。

39 岁再参选国会议员，再败。

41 岁他四岁的儿子死了。

42 岁土地代书身份被免。

45 岁竞选参议员，败选。

47 岁竞选副总统，败选。

49 岁竞选参议员，败选。

51 岁成为美国最重要的总统。

在 1860 年林肯竞选美国总统的时候，得票率仅仅只有 39%，并且还在他当上美国总统后，面对着南北战争，他在初期的战事上也是不断的败退。但身经百战的林肯，屡败屡战，越挫越勇。最后他成功的将美国统一，成为美国人心目中最伟大的总统，显然是胜过华盛顿和罗斯福总统。

在大海上航行的船可以说是没有不带伤的。英国劳埃德保险公司曾从拍卖市场买下一艘船，这艘船 1894 年下水，在大西洋上曾 138 次遭遇冰山，116 次触礁，13 次起火，207 次被风暴扭断桅杆，然而它从没有沉没过。

劳埃德保险公司基于它不可思议的经历及在保费方面给带来的可观收益，最后决定把它从荷兰买回来捐给国家。现在这艘船就停泊在英国萨伦港的国家船舶博物馆里。

但是使这艘船名扬天下的却是一名来此观光的律师。当时，他刚打输了一场官司，委托人也于不久前自杀了。尽管这不是他的第一次失败辩护，也不是他遇到的第一例自杀事件，然而，每当遇到这样的事情，他总有一种负罪感。他不知该如何安慰这些在生意场上遭受到不幸之人。

当他在萨伦船舶博物馆看到这艘船的时候，突然之间有一种想法，为何不让他们来参观参观这艘船呢？于是，他就把这艘船的历史抄下来和这艘船的照片一起挂在他的律师事务所里，每当商界的委托人请他辩护，无论是否输赢，他都建议他们去看看这艘船。它使我们更清楚的明白：在大海上航行的船显然没有不带任何伤的。

虽然屡遭挫折失败，但是能够坚强地百折不挠地挺住，这就是所谓的成功秘密。

在通往成功的道路上，不可能是一帆风顺的，关键是要让每一次的失败都有价值。只要我们能懂得利用，只要我们能够做到事在人为，我们就会在一次次的失败后获得成功。

曾有人这样形容在黄山观石的感受：同一怪石，不同人会有不同的心境，你看像“鳌鱼戏涛”，我看像“鳌鱼吃螺蛳”，换个角度看又像“鳌鱼驮金龟”，可谓境由心造。自然界的万事万物是如此，生活中的事情又何尝不是如此呢。

深圳，这艘中国改革的破冰船，现在却处于一个最关键的时期：土地、资源、人口、环境问题日趋严重；由“速度深圳”向“效益深圳”的战略转移，还需付出艰辛的努力。而在全国，改革开放由一马当先变为万马奔腾，深圳面临着从未有过的高端挑战。对此，许多人的反应也像黄山观石一样：希冀在这个由困难、机遇和挑战交织的高台上，起跳腾飞，是主流。但也有人沉浸在昔日的辉煌中，妄自尊大；有人小富即安，不思进取；有人悲观失望，妄自菲薄，面临着这个城市的何去何从，不同的人有不同的想法。

是奋勇拼搏还是颓废，这反映的是一个人的精神境界的高低。就如同不同的人面对半杯水的不同看法，悲观者会说：“我只剩下半杯水了。”乐观者却说：“我还有半杯水。”由此我们不难解释，为什么有的人在年老时仍壮怀激烈，有的人在英年时却未老先衰，对人生没有了希望。

境由心造，事在人为。只要肯努力，你就会有收获。

“人生难得几回搏。”当你以激情燃烧的心境，勇敢地应对机遇和挑战，你会发现，狭路相逢，勇者胜，谋者胜！人生的道路上，要记住这样一句话：事在人为。

## 做人要有气量

我们无法不承认，狼的每一个动作都注定了它是自然界的强者，它强就强在有极大的气量，狼不会为了所谓的尊严在自己弱小时攻击比自己强大的东西；狼不会为了嗟来之食而向主人摇头晃尾。因为狼知道，傲气固然不可有，但傲骨却不可没有，这就是强者的气量，随时机而动，不计较一时的得失。但又绝不会低头献媚，为了眼前的利益出卖自己的人格和灵魂。

孙中山有句名言，世界潮流，浩浩荡荡，顺之者昌，逆之者亡。古人讲，忍一时，风平浪静；退一步，海阔天空。这是讲做人要有气量。

让我们来看一下竹子的特征，竹子有三大特征，第一大特征，它里面容量很大。就是说做人、做事要有气量，要有肚量。竹子的第二个特

征是一节一节的，说明做人、做事要有气节不能昧心，要刚正不阿。竹子的第三个特征是它很直，告诉你做人、做事要有气质，要诚实，要实在。

竹子自古就被古人所识，也是骨气的象征。学习竹子，也许你的人生就会退一步海阔天空，有一个不一样的结果。其实，世上大凡成就一番大事的人，都会有一颗宽大的心。我们在生活中常可以看到一些为小事而斤斤计较的人，这样的人都是极度平庸的人，也是十分可笑的人。

战国时期，魏国有一个名叫范雎的人。他想帮魏王出谋划策，治理国家，但是家里太穷，没有自荐的本钱，只好先在中大夫须贾府上做事。有一次，范雎跟从须贾出使齐国，齐襄王久闻范雎才华出众，便派人给送来黄金和牛酒等物以示敬意。须贾大怒，认为齐王之所以送礼物给范雎，是因为他把魏国的秘密告诉了齐国人。从齐国回来之后，须贾就把范雎告到宰相魏齐那里。

战国时期的名人都很有才气，也都有一身正气。这事如果发生在气量小的人身上，也许早就不干了，可聪明的范雎不露声色。

宰相魏齐得到这样的密报，怒不可遏，叫家兵家将对范雎进行严酷的杖打，范雎肋骨被打断了几根，牙齿也被打掉了好几颗。范雎装作被打死了，魏齐看人都死了，就让手下用席子把范雎卷起来，丢到厕所里不管了。

这远远没有完，须贾等人在喝醉之后去上厕所，轮换着往范雎身上撒尿。范雎是一方名士，名闻天下，可在如此难堪的局面中，他含辱忍诟，请卫兵帮忙把他当死尸扔到乱坟岗中，终于捡回了一条命。后来，范雎到了秦国，被秦昭公拜为宰相，终身为应侯，帮助秦国出谋划策，为秦国的强大立下了大功。

也许我们不能理解范雎的做法，但是当时的环境决定了范雎的做法是最为正确的。他在忍让的同时，也看到了自己的前途和秦国的前途。成大事者一定要能忍让。换个角度来说，能如此忍让，目的也是要让时间、事实来替自己辩白。时间是可以证明一切的。

“六尺巷”的故事教育了中国好几代人，此事发生在清代中期。据说当朝宰相张英与一位姓中的侍郎都是安徽桐城人。两家是邻居，都要起房造屋。为了争地皮，两家发生了争执。张老夫人便修书北京，要张英出面干预。这位宰相到底见识不凡，看罢来信立即做诗劝导老夫人：

“千里家书只为墙，再让三尺又何妨？万里长城今犹在，不见当年秦始皇。”

张母也是一个明事理的人，见了张英的书信后，立即把墙主动退后三尺；叶家见此情景，深感惭愧，也马上把墙让后三尺。这样，张叶两家的院墙之间，就形成了六尺宽的巷道，成了有名的“六尺巷”。其实世上很多事情就是这样：争一争，行不通；让一让，六尺巷。古人尚能如此，今天同事之间、邻里之间处理是非小事，是不是应该看得更远一点，心胸变得宽大一点呢？

气量中包含有忍让、宽容和不拘小节等种种美德。我们从历史的长河中，能读到很多这样的故事。我们人类也在不断的学习中借鉴古人的经验教训。

宽容不仅仅是一种美德，也是一个人有宽宏气量的一种表现。现代的领导，不可避免地会遇到下属冲撞自己、不尊重自己的时候，这个时候，不妨学学宋太宗，既不处罚，也不表态，装装糊涂，行行宽容。这样做，既体现了领导的仁厚，更展现了领导的睿智，不失领导的尊严，而又保全了下属的面子。以后，上司和下属之间的相处也不会出现尴尬的场面，因为你的宽容，你的下属也会更愿意为你做事。

对于一个人的成功，宽容有着很大的影响。没有宽容，就没有信任；没有宽容，就没有团结和合作；没有宽容，奇迹就不可能出现；没有宽容，成功也会离你越来越遥远。

现今社会，做人更需要气量，君不见，报纸上，电视上，天天各种各样的新闻满天飞，真真假假，假假真真，特别是针对一些名人的，更是小事也可以炒成大事。如果没有一点气量，没有一点包容心，那么你天天都会受气。既然如此，何不气量大一点呢？

俗话说，脑袋够大，才装得下十年寒窗的书香；耳朵够大，才能听得进逆耳忠言；嘴巴够大，笑得才够畅快；肚子够大，才能撑得下人事之船。凡事讲究“大气”二字，生活的快乐就会变得“宏观”起来，而所有的不快也会在不知不觉中消失。

中国人讲究“雅量”就像讲究“面子”一样重要，做人要有气量，有胸襟，宽待他人一切可以原谅的过错，能彰显一个人的气质和品德修为。“海纳百川，有容乃大；立壁千仞，无欲则刚”就是对宽容最好的注释。

对别人宽容，固然是一种值得令人刮目相看的特质。然而，在对别人有气量的同时，能否对自己大度一点，似乎并不是人人都能做到的。对自己宽容，首先要看你是否有能力将自己与他人放在对等的位置上——要看得起自己；要看你是否能在对他人和对自己的态度上找到一个平衡点——要认清楚自己；还要看你是否对宽容有一个准确的理解和阐释——要相信自己。宽容与纵容，你要分清这两个词的意思。

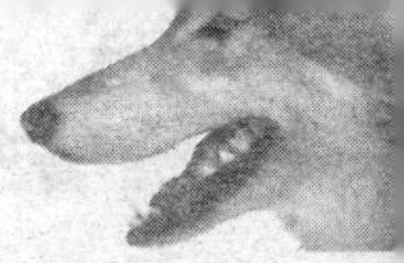

中国的家长都有这样一个喜好：拿自己的小孩与别人的小孩做比较，你的小孩比较漂亮，我的小孩比较聪明，他的小孩比较调皮；中国的城市人比较喜欢拿金钱拥有量做比较，你是蓝领，我是白领，他是金领……

在与别人的比较中，人们往往能够原谅他人，但却很苛求自己，甚至自家的垃圾筒没有邻家的好看都能让人伤心好一阵子，其实这样的人在某些事上即使能做到对别人宽容，也不是真正的有气量。

人比人气死人，所以不要总是拿自己和别人去比。肚子足够大能撑别人的船，固然是件骄傲的事；但肚子大到能将自己包容进去，那就更不是一件容易的事，那才是真正有气量的人。

所以，真正有气量的人是对别人对自己都能做到宽容的人。宽容别人是一种美德，宽容自己同样也是一种美德，同样是一种有气量的表现。

## 志求高远

“志”是人的心意所向，《诗·关雎序》称：“在心为志。”作为人生的追求目标，“志”有着举足轻重的地位。狼的生存也可以称其为心态的生存，引申到人类的生活，可以称为是志求高远。

曾经有人问三个正在砌砖的工人，“你们在做什么事？”第一个人听了回答说：“我在砌砖头！”第二个人回答说：“我在赚工资！”第三个人笑着回答说：“我在建筑世界上最有特色、最美丽、实用的房子。”后来，第三个人成为了世界上最有名的建筑师。

为什么会是第三个人成为了世界上最有名的建筑师呢？为什么不是第二个人与第一个人呢？这个问题值得我们深思！让我们来看一看，第一个人，他没有远大的志向，只把志向放得微不足道；而第二个人，满脑子里都是些庸俗的想法；然而第三个人却拥有远大的志向，所以，他成功了。所以，人应当志存高远。

立志，其实就是让一个人从大地上站立起来，从懵懵懂懂中清醒过来，从浑浑噩噩中悔悟过来，从芸芸众生中凸现出来。生活不能没有目的，人生不能没有方向。不相信自己的意志，永远也做不成将军。

春秋战国时代，一位父亲和他的儿子出征打战。父亲已做了将军，儿子还只是马前卒。又一阵号角吹响，战鼓雷鸣了，父亲庄严地托起一个箭囊，其中插着一只箭。父亲郑重对儿子说：“这是家袭宝箭，佩戴身边，力量无穷，但千万不可抽出来。”

那是一个极其精美的箭囊，厚牛皮打制，镶着幽幽泛光的铜边儿，再看露出的箭尾，一眼便能认定用上等的孔雀羽毛制作。儿子喜上眉梢，贪婪地推想箭杆、箭头的模样，耳旁仿佛嗖嗖地箭声掠过，敌方的主帅应声折马而毙。

果然，佩戴宝箭的儿子英勇非凡，所向披靡。当鸣金收兵的号角吹响时，儿子再也禁不住得胜的豪气，完全背弃了父亲的叮嘱，强烈的欲望驱赶着他呼一声就拔出宝箭，试图看个究竟。骤然间他惊呆了。

一只断箭，箭囊里装着一只折断的箭。

我一直带着只断箭打仗呢！儿子吓出了一身冷汗，仿佛顷刻间失去支柱的房子，轰然意志坍塌了。

结果不言自明，儿子惨死于乱军之中。

拂开蒙蒙的硝烟，父亲拣起那柄断箭，沉重地啐一口道："不相信自己的意志，永远也做不成将军。"

把胜败寄托在一只宝箭上，多么愚蠢，而当一个人把生命的核心与依托交给别人，又多么危险！比如把希望寄托在儿女身上；把幸福寄托在丈夫身上；把生活保障寄托在单位身上……

自己才是一只箭，若要它坚韧，若要它锋利，若要它百步穿杨，百发百中，磨砺它、拯救它的都只能是自己。

这就是意志。

当然，也有"志大才疏"者，如《三国演义》中的袁绍，自以为兵多将广，又有四世三公的出身，拥有青、冀、幽、并等广大地盘，认为自己在群雄中没有人可以比得上，天下唾手可得，结果因为妄自尊大，在官渡之间中被曹操打得狼狈逃窜。

后来，在曹操举兵攻打冀州时，袁绍又气又急"吐血斗余"而死。《三国演义》中特别有一首诗议论这种立志不当之人：

"累世公卿立大名，少年意气自纵横。空招俊杰三千客，漫有英雄百万兵。羊质虎庆功不就，凤毛鸡胆事难成。更怜一种伤心处，家难徒延两弟兄。"

不但要有高远的志向，还要有切合实际的努力过程，这是一种人生智慧。儒学的创始人孔夫子在立志上可谓称得上很有创造性。《论语·为政》说："吾十有五，而志于学。"现实社会中，很多人都有自己的志向，但是却不敢立大志，对自己缺乏足够的信心。其实我们应当深信：志当存高远，要立志就要立大志。俗话说："有志者事竟成"，只要我们有坚定不移的奋斗目标，并且为这个目标而不懈努力，终有一天，一定会让目标成为现实。

哥白尼是波兰的著名科学家，为了证实太阳中心说，他不畏封建教会的专制独裁，敢于提出自己的正确论断，在艰苦的环境下，仍然能够坚持真理，尊重科学，含辛茹苦，努力研究，终于推翻了基督教会支持的地球中心说，并且凭着毅力，在临终之前，完成了《天体论》这部巨著，为人类以后研究天体学说做出了伟大的贡献。

立志高远，会使人生充满信心。三国时诸葛亮与友人石广元、徐元直、孟公威等避乱游学于荆州，虽然他们都有很高的才识，但却没有进入仕途的机会，所以讨论人生的前途，成为他们经常的话题。不过，因为他们又都立有高远的志向，所以对于前途他们总是抱有信心。

其实，人的一生，总是有得意的时候，也不乏失意的时刻，就像大江大河中航行的一叶小舟，总会有顺风顺水的时候，也总免不了遭遇顶风逆水。春风得意时，不管做什么事都得心应手，心想事成，荣誉与金钱呼之即来；而在失意之时，似乎老天都与自己作对，真所谓“喝凉水都塞牙”，简直是倒霉到了极点。

其实，人生还是失意时少，得意时多，但是，人们感受最深的往往是不如意。人生来就只习惯于享受，得意的时候并不觉得怎么的，甚至认为理应如此；失意的时候就不一样了，心气浮躁，怨天尤人，什么世态炎凉、疾病折磨、贫穷煎熬，活得很累，生活很难。纵观世间的一切失意之事，最大的莫过于事业上的挫折，抱负无法实现。生活拮据也好，情场失意也罢，都可以找到解脱的方法。只有事业上的不顺心，空怀一腔热血却无法施展才华，才是最让人窝火的。不管你有多么高明的良策，也不管你有多么博大精深的学识，对不起，就是不用你，你说什么也没有用。有学问又怎么样？有实际工作能力又怎么样？没有“伯乐”相中你，你也只能是“一匹普通的马”。难怪唐朝大诗人陈子昂发出如此的哀叹：“前不见古人，后不见来者，念天地之悠悠，独怆然而涕下！”可见诗人空怀一腔报国热血，但却无处施展，心情是多么的悲凉。

诗人的这种心情，我们可以理解。据卢藏用《陈氏别传》说，当时陈子昂在武攸宜军中，由于提出不同的作战策略，而受到降职处分。诗人因此登蓟北楼，想起战国时代燕昭王礼贤下士、重用乐毅之事，不禁感慨万千，也因此而留下了千古名句。

如果，我们可以把自己的思想境界再抬高一些，可能就会想到，宇宙之辽阔，时间的流逝，个人在这无穷宇宙的苍茫和时间的长河之中，到底有些什么样的作为才不是虚度此生？个人的力量与无际的时空相比，实在是太渺小了，因怀才不遇而耿耿于怀实在是患得患失的心态，也是一件幼稚的事。乐毅遇上了燕昭王又怎么样？燕昭王一死，还不是被迫出奔赵国。一个人得意也罢，失意也罢，总是难免的，只要对自己的能力有正确的估量，就不会太在意一时的得失，而应该把视野放远一些，把志向放高一些。

生时，能够有益于当时的社会；死后，能够闻达于后人，这是一个有识之士的心愿。庸碌无为，湮没无闻，那无异于对人自我生命价值的否定。

# 第四章　狼性追求

追求是每个动物都有的，但是狼的追求却会给人们上最生动的一课。或许它们是孤独的、更有可能它们是残暴的。但在这些背后，它们始终维持着一个最强的信念，那就是：狼族是需要自由和坚强的。

它们生活在最不易生活的区域里，但它们从来对此没有任何的怨言。因为它们知道，只有这样的地方才能真正体现出它们生存的价值。

# 狼性刚强

**狼的自述：**

我是一匹狼。

狼的凶悍与残忍我都拥有，我锋利的爪牙随时都可以将可怜的羊撕成碎片。在我的字典里，是没有软弱和拘谨的。如果是那样的话，我宁愿死去。

一只被捉进动物园的狼每天的神情都是“沮丧”的，每一个看到它的游客总是嘲笑它。在一个风雨交加的晚上，一条迅捷的黑影冲出了动物园加固了的围墙。这只“郁闷”的狼从动物园逃跑了。

它害怕再次被抓回去，因为它实在是受够了失去自由和得到施舍的日子。它拼命地跑着，但却总也跑不出这钢筋和混凝土组成的城市，它迷失了属于自己的道路。终于，天亮了，它被发现了。全副武装的人类追在了它的后面，曾经跑死过多匹最健康野马的双腿很快就在与汽车轮子的较量中占了下风。眼看就要被追上了，它也筋疲力尽了。

它绝望的眼神中，透出了坚强的神色。它不愿意再回到那个“施舍”的园子里。

它转过身来，看着正追着它的庞然大物，向着自己曾经生存过的地方深情地望了一眼，接着就以最快的速度冲向了汽车，轰然一声，狼倒在了血泊中，伴随着赶过来的人们的叹息……

## 永争第一

狼在面对每一个猎物时，从不肯随便收手，即使它面对的是身高体壮的牛群。它的每一次出击，都代表着它的自信，与生俱来的永争第一的决心时刻鞭策着它。

在人的身上，这种神秘的力量就是进取心。使人们向着目标不断努力。它不允许人们懈怠，它让人们永不满足，每当达到一个高度，它就召唤人们向更高的境界努力。

从弱者往上爬变成强者：这就是进取的力量。人的进取心形象地说就是“往上爬”。在你的行动中，无论你的目标是什么，你都应把你的目标不断向前推。最令人惋惜的就是半途而废者。这样的人走到一定的程度就会停下来，他们和放弃的人不一样，和攀登的人也不一样。

在现实生活中，无论你在什么行业，无论你有什么技能，你都应该争取在这一领域处于领先的位置。

对于一个人的生命来说，没有什么比你的进取心理更重要，这种态度包括你对自己的评价和你对未来的期望。

进取心，这种内存的推动力是人们生命中最神奇和最有趣的东西。

一个人要做成大事，绝不能缺少进取的力量，因为进取的力量能够驱动你不停地提高自己的能力，把成大事者所具备的一切搬到自己的脚下。

成大事者一个非常难得的美德就是有进取心，它能驱使一个人在不被支配应该去做什么事之前，就能主动地去做应该做的事。“这个世界愿对一件事情赠予大奖，包括金钱与荣誉，那就是‘进取心’。”这是胡巴特对“进取心”说的话。

什么是进取心？可以明确地告诉你，那就是主动去做应该做的事情。

要是相对于主动，被动地去做应该做的事情，那就仅次于它了，就是当有人告诉你怎样做时，要立刻去做。

再往下一级的人，只在被人从后面踢时，才会去做他应该做的事，这种人大半辈子都在辛苦工作，却又抱怨运气不佳。最后还有更糟的一种人，这种人连自己应该去做的事他都肯定不会去做，就算是给他做示范并且和他一起做，他也不会去做。这种人大部分时间都在失业中度过，因此，易遭人轻视。但即使是这个情形，命运之神也会拿着一根大木棍躲在街头拐角处，耐心地等待着他们。

生活目的是没有界限的，而真正的界限却是：你是继续前进，还是停滞不前，甚至放弃。所以问题的关键在于你是否“往上爬”。你“往上爬”的具体目的可以想象得到，比如为了得到市场份额、得到较好的职位、改进人际关系、要做的事情就做好、完成一次教育、培养好孩子、在你有限的一生中做点有意义的贡献等，这些动力和意愿都是人们绝对需要的。成大事者对自下而上进步、达到他们的目标以及实现他们的梦想都具有强烈的力量和渴望。

有一定限制的是人的生活，所以这种内在驱动力——“往上爬”——就是人们本能地与时钟赛跑，即争取时间来完成任务：写作或者其他许多的事情。无论你对自己的人生目的是否有一个较正统的看法，你都会感觉到一种动力在不断地引导着你，那就是进取心。如果你不相信这种驱动力的存在，那么你只要去观察一下那些从癌症中活过来的人，那些经过九死一生才逃离了死亡的人，观察在他们那里究竟发生了什么，你就会对“往上爬”的含义有所领悟了。这些人立即重新估计了他们生命的价值。他们重新确定了生命中最重要的事情，这些事情正是和他们的人生目的相关联的，所以说想去浪费他们的精力和时间，那是绝对不可能的。

进取心并不是针对于每个人而言。每一个组织机构和工作单位都希望把事情干得更好。许多工作都需要这样的精神，比如人们整体素质的提高、消除污染、增加开创性、对太空的无穷探索、对科学技术的合理应用等等。人的上进心在很多很多的地方都会被用到，但是，人们也常被许多不利因素所阻挠，甚至彻底失败，这就像是在爬山的时候，遇到了大风大雨，遇到想象不到的恶劣天气一样。

如果你已感觉到了这种进取心的驱动力，就会分享到被它不断向前带动的力量。那么，你为什么没有看到山顶上众多的到达者与山脚下的参与者之间的不同呢?

要想回答上面的问题，你需要考察在登山途中所遇到的三种不同类型的人，他们有不同的特征，要考察他们究竟有怎样的差别。首先可以确定的是，他们对往上爬的反应是各自不同的。其次，在他们的生活中，他们具有不同层次的成大事者观和快乐观，有的喜欢这样的成大事者，有的喜欢那样的成大事者，这如同他们对不同的欢乐的态度一样。日常生活中，你已经遇到了这些人，他们就在你的周围，在你的组织机构里，在你的人际关系里，在学校，甚至在新闻广播中。他们是那样地容易被发现，可以说，在你的人生道路上他们无处不在。

毫无疑问，有大量的人选择放弃、逃避、退却。他们都是放弃进取心的人。放弃者的典型特征就是放弃攀登，拒绝山峰为他们提供的机会。他们忽视、掩盖并且抛弃往上爬，这样他们就失去了这一力量的引导，生命向他们提供的许多东西他们也得不到了。

半途而废的人是最让人感到惋惜的人。他们与放弃者、攀登者不一样，他们爬到一定的程度就会停下来，并说：“这是我能（或我想）到达的地方。”他们由于不想继续攀登（甚至害怕），所以就结束了“往上爬”的进取心，并为自己寻找一个舒适的、让人满意的高处，以逃避逆境。

放弃者和半途而废者所不同的是，放弃者什么也没有得到，而半途而废者至少承担了“往上爬”的挑战，知道了些什么。成大事者的旅程可能是挺容易的，也可能不怎么容易，有时候他们为了得到所希望得到的东西，还会牺牲许多东西或者努力地工作。半途而废者的“往上爬”是不完整的，更是不彻底的，但一些人可能也会把“成大事者”这个词加在他们头上。这仅仅是那些把成大事者视为达到一个特定目的地的人所说的成大事者。这样的人总是有一个普遍的错误想法，整个旅途他们没有看到，而只看到旅途中的某一点，他们的目的是达到这一点，而不是旅途中继续努力往上爬。所以，半途而废者虽然作为一个“成大事者”达到了那一点，但是由于他们放弃了继续往上爬的进取心，仍不是成大事者。人们也正是根据这一点来定义进取心的，它是一个人自我改善以及生命扩展的整体标志。

真正有进取心的人是那些将自己整个生命都献给“往上爬”的人。无论背景如何、优势或劣势、好运或坏运，他们都会不断地“往上爬”。攀登者是可能性的思想家，他们从不去顾及年龄、性别、种族、身体或精神的残疾以及“往上爬”的途中可能遇到的其他困难。不断进取就是他们的宗旨，因为他们彻底激活了那种力量，到达了人内在的那种驱动力。

安德鲁·卡耐基曾经说：“我是不会帮助那些缺乏成为企业领袖的盛装的年轻人的。”要敢于树立这样的目标：要成为主管、经理和老总。不管你目前的职位如何，仍然应该告诉自己：“我的职位应在更高处。”要敢于梦想，要立下决心——得到那个让人羡慕的职位，并且绝不半途而废，发誓一定要尽所有的力量为这个而努力。

是不是认为他们可以成为成大事者，是不是认为他们具有与众不同的价值，经常有些年轻人这样问卡耐基。卡耐基回答说：“你当然可以成大事。我觉得你完全有成大事的潜力，但不知道你是否一定能成大事。这完全取决于你自己。如果你有去争取成大事的进取心，那么，没有什么可以阻挡你；如果你没有这样的力量和愿望，那么，再好的教育、再有利的外界因素都不足以把你推向成大事者。”

进取心是一个人生命中最重要的一部分，这种态度是对自己的评价和对未来的期望。如果你的态度是消极而狭隘的，那么，你的人生就是平庸的。你必须以高于普通人的眼光来看待自己，否则，你只是一个小职员。你必须坚信自己能拥有更高的职位，以督促自己努力得到它；否则，你永远也得不到。不要怀疑自己有实现目标的能力，否则，就会削弱自己的决心。只要你在做着达到美好明天的梦，你就已经向你的梦想目标走去了。

足够的决心再加上坚韧的努力，那么不久的将来你就一定会成大事。如果你没有这样的决心，那么，你也许会看到那些条件不如你但有着更大决心的人走到你前面去了。如果你不好好利用机会向上爬，你一定会抱怨运气不佳。而且，你自己都还不会明白，为什么有些人会那么快地升迁。

一位当代作家说：“我对于那些刚刚走上社会的年轻人的建议是：开始时就要有坚定的理想和确定的目标，除非业已实现，否则决不要轻易放弃。”

可以说，人的每一次行动都需要一定的激励。很难想象，自己的成长在很大程度上都依赖于某些方面的激励。当缺乏内在动力的时候，人们不会自觉地做任何事情。而对一个普通人来说，在社会上安身立命、出人头地的进取心才是生命中最大的推动力。

亚伯拉罕·林肯被一种神秘的力量将其从小木屋中推向了白宫。北极探险家罗伯特·皮里树立了征服地球极点的目标。同样，坚定的理想使得年轻的本杰明·迪斯累利从英国的下层社会奋斗到上层社会，发展到一个世界大国的首相，成为了社会和政治权力的中心力量。

所有来自社会底层的成大事者都有着相似的经历，他们在自己前进的道路上都受到内心力量的有力牵引，这种力量几乎无法抗拒。

生命中最神奇和最有趣的东西是进取心这种内在的推动力。它存在于每个人身上，和自我保护的本能一样明显。在这种求胜的本能的驱使下，人们走进了人生赛场。最后请你牢记进取的力量在于：能让你从一个弱者变成一个成大事的人！

要想成为一个有进取心的人，你必须克服拖延的习惯，把它从你的个性中除掉。这种把你应该在上星期、去年甚至于几年前就要做的事情拖到明天去做的习惯，正在啃噬你意志中的重要部分。除非这个坏习惯被你扔掉，否则你任何成就都得不到。

“有两种人绝不会成大器，一种是非别人要他做，否则绝不主动做事的人；另一种人则是即使别人要他做，也做不好事情的人。”这是卡耐基说过的话。那些不需要别人催促，就会主动去做应做的事，而且不会半途而废的人必将成功，这种人懂得要求自己多付出一点点，而且做得比别人预期的更多。个人进取心，是你实现目标不可缺少的要素，它会使你进步，给你带来出人头地的机会。

子敏在一家大型建筑公司任设计师，常常要跑工场，看现场，还要为不同的老板修改工程细节，非常辛苦，但她仍主动地去做，毫无怨言。

虽然她是设计部唯一一名女性，但她从不因此逃避强体力的工作。该爬楼梯就爬它个 25 层，该到野外就勇往直前，该去地下车库也是二话不说。她从不感到委屈，反而挺自豪。

有一次，老板安排她为一家客户做一个可行性的设计方案，时间只有 3 天。这是一件原本难以做好的事情。接到任务后，子敏看完现场，就开始工作了。3天时间里，她都在一种异常兴奋的状态下度过。她食不甘味，寝不安枕，满脑子都想着如何把这个方案弄好。她到处查资料，虚心向别人请教。

3天后，她带着布满血丝的眼睛把设计方案交给了老板，得到了老板的肯定。因做事积极主动、工作认真，现在子敏已经成为公司的红人。老板不但提升了她，还将她的薪水翻了3倍。

后来，老板告诉她："我知道给你的时间很紧，但我们必须尽快把设计方案做出来。如果当初你不主动去完成这个工作，我可能会把你辞掉。你的表现非常出色，我最欣赏你这种工作认真、积极主动的人！辛勤工作的时间对于喜欢分内工作的人来说并不是那么难熬。"

所以，不管你在现实生活中从事的是什么职业，无论你有什么技能，都应该争取在这一领域处于领先的位置。永葆进取心，追求卓越，永远是人类进步的北极星。它不仅造就了成大事者的企业和杰出的人士，而且它能够让每一位努力成就自我的人，在未来的大路上开创出自己的天地。

## 敢于说"不"

学习狼的狂野精神，就要学会说"不"。

说"不"是每个人的权利，说"不"需要勇气。每一个人都是一个独立的个体，不服从是人的本能。一个小孩从一出生，就是一个以自我为中心的个体，都有接受和拒绝的权利。中国一向鲜有说"不"的勇气，对权势说"不"的勇气更是少得可怜！

现实中生活总有那么多无奈。有些时候，总是开不了口说"不"。想开口的时候，左思右想前望后看，因为往往要顾及身边人、周围人、对你有利害关系的人、爱你的人、你爱的人，怕伤害人，也怕被人伤害，所以说"不"的勇气也就荡然无存了。

喜剧大师卓别林曾说：学会说"不"吧！那你的生活将会美好得多。

"助人为快乐之本"，是人人都可琅琅上口的一句格言，但是，当别人前来要求协助时，难免会遇到自己力不从心的时候，这个时候该如何拒绝呢？

有的时候，想拒绝对方，又因为不好意思而又不敢明说，致使对方摸不清你的意思，而产生许多本可以避免的误会。比如当你语意暧昧地回答："这件事似乎很难做得到吧！"原来是拒绝的意思，然而却可能被认为你同意了，如果你没有做到，就会说你没有遵守自己的承诺。

所以，大胆地说出"不"字，是相当重要却又不太容易的事情。以下是几种如何说“不”的建议：

直接分析法：直接跟对方说明拒绝的客观原因，包括自己的状况不允许、社会条件的限制等。通常这些状况是对方也能认同的，因此较容易理解你的苦衷，自然会自动放弃说服你，并让他感觉你拒绝他不是没有道理的。

巧妙转移法：不方便直接拒绝的时候，可采取迂回战术，转移话题或是另有理由，主要是善于利用语气的转折——温和而坚持——绝不会答应，但也不致撕破脸。比如，先向对方表示同情，或给予赞美，然后再提出理由，加以拒绝。由于先前对方在心理上已因为你的同情使两人的距离拉近，所以让他感觉你拒绝他也是可以理解的。

不用开口法：有的时候不方便去开口拒绝对方，往往在心中演练多次该怎么说，一旦面对对方又下不了决心，总是无法启齿。这个时候，肢体语言就派上用场了。一般而言，摇头代表否定，别人一看你摇头，就会明白你的意思，下面你就不用再说什么了，面对推销员时，这是最好的方法。另外，微笑中断也是一种拒绝的暗示，当面带笑容的谈话，突然中断笑容，便暗示着无法认同和拒绝。类似的肢体语言包括，采取身体倾斜的姿势、目光游移不定、频频看表、心不在焉……但是别忘了不要伤了对方的自尊心哦！

一拖再拖法：假如是你已经承诺下来的事，还一拖再拖那是不行的，这里的一拖再拖法指的是——暂不给予答复，也就是说，当对方提出要求时你迟迟没有答应，只是一再表示要研究研究或考虑考虑，那么聪明的对方马上就能了解你是不太愿意答应的。

说“不”的能力不但要学会，更需要学会识别和鉴赏的能力。

**要把“不”说出口**

在生活中，不知道一些人始终在胆怯什么。自己原本不情愿的事，还是硬着头皮去做，甚至那些不值得的事。比如，一位总经理叫一个女秘书去陪一个老板吃饭，那个女秘书心里是很不情愿的，但既然总经理提出了，还是答应去了，可在现场的表现却与她平时的办事风格相差甚远，最终还是挨了总经理的骂，甚至差点丢掉自己的饭碗！

其实，有些时候有些事情可以委婉地拒绝，既然自己没必要去做，何必逼迫自己去做呢？甚至，你自己去做了，也不一定能得到别人的赞赏，还不如早点拒绝的好，免得自己不开心。所以，有些事人们应该敢于说“不”。

敢于说“不”，并不是什么丢人或丢面子的事，阿杰刚参加工作不

久，姑妈来到这个城市看他。阿杰陪着姑妈把这个小城转了转，就到了吃饭的时间。

阿杰身上只有五十块钱，这已是他所能拿出招待对他很好的姑妈的全部资金，他很想找个小餐馆随便吃一点，可姑妈却偏偏相中了一家很体面的餐厅。阿杰没有办法，只得硬着头皮随她走了进去。

两人坐下来后，姑妈开始点菜，当他询问阿杰意见时，阿杰只是含糊地说："随便，随便。"此时，他的心中七上八下，放在衣袋中的手里紧紧抓住那仅有的五十块钱。这钱显然是不够的，怎么办？

可是姑妈一点也没注意到阿杰的不安，她不住地夸赞着这儿可口的饭菜，阿杰却什么味道都没吃出来。

最后的时刻终于来了，彬彬有礼的侍者拿来了账单，径直向阿杰走来，阿杰张开嘴，却什么也没说出来。

姑妈温和的笑了，她拿过账单，把钱给了侍者，然后盯着阿杰说："孩子，我知道你的感受，我一直在等你说不，可你为什么不说呢？要知道，有些时候一定要勇敢坚决地把这个字说出来，这是最好的选择。我来这里，就是想要让你知道这个道理。"

这个例子对所有的年轻人都是相当重要的：在你力不能所及的时候要勇敢地把"不"说出来，否则你将陷入更加难堪的境地。

其实，在生活中还有很多这样的事例。学会说"不"，是种自我尊重，只有自己尊重自己，别人才懂得如何尊重你。一味的好心，不止加重了别人的依赖，同时也加重了自我的负担。这种好心，不仅害了自己，也害了别人。

大家都是凡人，不说"不"的目的无非是怕得罪人，怕失去朋友，怕别人说自己太个别，怕丢面子。其实细想起来，心口不一地应酬来应酬去，结果还是常常不知不觉地得罪了人。

事实上，敢于说"不"的人未必就会缺少朋友。曾有一位作家，他心直口快，不仅敢当面指责别人的文章太浅没深度，而且在自己的书柜玻璃上还写了一张纸条：本人存书，概不外借，亲朋好友，免开尊口。当一女友因丈夫有了第三者而找他调解时，他与其丈夫面谈了三个小时，回来就说：你为什么不离婚！问的女友目瞪口呆。奇怪的是，这样一个口没遮拦的人，却有众多忠诚可靠的朋友。

所以，与其小心翼翼地为别人活着，还不如多说几个"不"字，理解你的人不会介意，介意的人不理解你，不理解你的人，又何必和他做朋友呢？敢于说"不"，你的生活也许就会轻松许多。

有句歌词里写道："人的年轻只有一次，何必忙着为自己解释？"的确如此，知道于事无补、却又忙不迭地和别人解释着自己的所作所为、所思所想，不如顺其自然、安定从容地听之任之、信马由缰。大不了从头来过——毕竟，年轻就是资本，一切都来得及。

## 自强不息

狼会在小狼有独立能力的时候坚决离开它，狼把它们赶到原野上，让它们自食其力。狼的野性也正是在这种自强不息、自食其力的生存中造就的。

自强不息应该是人们在社会上安身处世的基本态度。我们的民族能走过数千年的历史风雨，战胜自然，战胜天灾人祸，战胜动乱和分裂，一直生存发展到今天，和这种充满生命力、创造力的宝贵传统有非常密切的关系。自强不息能够成为一种民族传统和民族精神，既是先哲们对民族历史实践的深刻总结，也是先哲们超越人事、对宇宙万物发展规律的综合把握。

自强不息是一种积极向上的处世观，一种创造超越的处世观。它拒绝软弱和懒惰，拒绝停滞和自满，拒绝依赖他人，坐享其成。用这种精神来指导人的思想行为，就不应该怨天尤人，无所作为，而应该自己动手，改变环境，改变现状；就不应该满足于已有的成绩，而要生命不息，奋斗不止；就不应该屈服于困难和压力，而要有战胜一切、压倒一切的信心和勇气。对于自己的晚辈，要帮助他们自强自立，掌握生存发展的能力，使他们能应付各种生活环境，会劳动，会工作，会创造，并能帮助他人，服务社会。而不应该用金钱为他们铺设幸福的前程。

天行健——君子以自强不息！

来看一看梁启超的少年中国说：

少年智则国智，少年富则国富，少年强则国强，少年独立则国独立，少年自由则国自由，少年进步则国进步，少年胜于欧洲则国胜于欧洲，少年雄于地球则国雄于地球！红日初升，其道大光；河出伏流，一泻汪洋。潜龙腾渊，鳞爪飞扬；乳虎啸谷，百兽震惶。鹰隼试翼，风尘吸张；奇花初胎，矞矞皇皇。干将发硎，有作其芒。天戴其苍，地履其黄。纵有千古，横有八荒。前途似海，来日方长。美哉我少年中国，与天不老；壮哉我中国少年，与国无疆！

古人的这句“天行健，君子以自强不息”深深印在一个车工的心中，已伴随着他走过了人生的几多风雨，几多坎坷。每当他在人生的路途中徘徊踯躅之时，每当他陷入困苦境地之时，每当他遭到别人的嘲笑讥讽之时，耳旁就会响起这个坚定而自信的声音，激励着他奋起直追。

人追求的目标是什么？是胜利！不计一切苦难的胜利，不顾一切畏惧的胜利。他就是——王典明。

有人说过，生活是愉快的、恐怖的、美好的、可怕的、甘甜的、苦涩的，而那便是一切。生命对于每个人来说都不可能尽善尽美，总有波涛起伏，秋霜冬雪。然而对于王典明来说，命运的严酷，生活的苦涩却来得太早。他甚至还未来得及享受到童年的欢乐，不幸就降临到他的身上。1962 年，王典明才出生几个月，有天夜里他生病发烧了，哭闹不停。慌了神的父母急忙把他抱到重钢职工医院打退烧针，就这一针，无情地刺入王典明的坐骨神经，从此开始了他坎坷的人生。慢慢地，差不多和王典明一样大的小孩都开始走路了，王典明的父母才惊异地发现他们的儿子站立不稳，他的右腿肌肉萎缩，软弱无力。虽经几番医治，但已不能改变王典明右腿残疾的事实。看着纯真可爱的儿子在痛苦地挣扎，全家人痛苦不堪。

但是王典明生存的意志在一次次的痛苦与挣扎中得到磨炼，他学会了承受，更学会了接受现实。有人说：接受已发生的事，是克服任何不幸结果的第一步。王典明正视着自己残疾的右腿，对自己说："你虽然是残疾人，但身残志不该残，你还有健康的双手和思想，你就不能向挫折低头，轻易服输。"王典明对生命充满了信心，怀着一颗真诚与热情的心，王典明开始跟着一位老师傅学习理发。

王典明在学理发的过程中体悟到的人生哲理：人要生存必须要勤奋。他并不满足，于是又开始学做凉椅沙发，学车工、当钳工。每干一件事，王典明总是付出比健全人更多的精力，更多的心血。日复一日，乐此不疲。"精诚所至，金石为开。"或许他的顽强精神感动了上苍，命运之门终于向他敞开。一个好的转机出现在他面前——重钢劳动服务公司要招收残疾人，王典明开始了他的工人生涯，继续又一个生命的跋涉。

听着厂房里轰轰的有节奏的声音，王典明感到一股青春的热流在心中汹涌澎湃，身上就会有无穷的力量。那光与热使他产生了一种庄严的使命感，他就是光和热。王典明正是像他说的："我愿将我的青春，乃至我的生命燃烧，即使火花微弱，但那也是奉献！"一旦决定了，就要奉献出所有的时间、精力和热忱去实现它。

车工这个工作谁都知道既脏又累，很多健全人有时都难以忍受，更何况王典明。他深知自己的选择多具有挑战性，也深知自己肩头的担子有多重。每天每人要做成百上千，甚至成千上万的模具或小零件，如果操作失误，将会损耗大批的原材料，既耽误了时间又给工厂带来损失。凭着高度的责任感，王典明每天上班都很细心。清早起来，第一个来到车间检修车床的是他，工作时他又是几乎寸步不离机床，全神贯注地看机床有规律地运转，看着身旁箩筐里的产品堆得像一座小山，王典明的内心是快乐的。心理上的快感并不能代替肉体病痛的折磨，王典明经常在机床前一站就是半天，尽管萎缩残疾的右腿受不了超常量的负荷而变得软弱无力。下班后，王典明甚至不愿意再多挪动一步。而这些困苦，他却用顽强的意志与毅力克服了。“我还没有拿出成绩，我不能打退堂鼓。”他从商店买来哑铃，晚上在家里就把它套在右腿上反复运动，屈伸抬高，常常累得汗流浃背。每天睡觉他都把哑铃挂在腿上，以增强肌肉的力量。最初的一段时间，右腿受不了超常量的负荷而酸痛麻木，本可以在家休息几天，可王典明硬是咬着牙拖着那疲惫的腿站在了车床前。对他来说，工作就是他的生命，工作就是他的动力。日复一日，运动终于有了成效：王典明右腿的萎缩程度竟有了明显的好转，肌肉也较以前强健了。这样的结果，让王典明又惊又喜，他拼搏的决心就越来越大了。

王典明的敬业精神，很多同事都为之感动，谈起王典明对工作的热爱与投入，很多人都自愧不如。曾有人担心他因为工作而影响健康，劝他多休息，不必太累，王典明总是付之一笑。在他心中，始终有个声音在激励着他：“天行健，君子以自强不息！”

改革竞争的今天，一个只有初中学历的王典明，他明白只有靠知识才能获得源源不断的创造力量。利用平日的休息时间，王典明把目光投向了各种技术资料。他说：“三百六十行，行行出状元，既然当了车工，就要干出个名堂。”在图书馆、技术科、资料室，时常可以看到他求知的身影，技术上的难题，他总是孜孜不倦地请教师傅、技术员，他的钻研精神得到同行们的高度赞扬，各项荣誉随之而来。1989 年，他被评为“先进工作者”“重钢十佳青年”；1990 年，他荣获“艰苦创业突击手”的称号；1991 年，他又连续荣获“青年明星”“生产工作标兵”“先进个人”的称号。人生的理想与价值王典明实现了，薄薄的奖状拿在手里，谁都知道它们实际的分量。

一个非常不起眼的人——王典明，面对生命他很坦然。也许挫折还会来到，但它总会过去。34 年的风雨坎坷，王典明从容地走过来了，以后的路他还将坚定地走下去。“天行健，君子以自强不息！”相信王典明的明天一定会更加美好灿烂！

**海伦·凯勒的传奇人生**

1882 年 2 月的一天，年仅两岁的小海伦患上了“猩红热”病，这种病在当时是相当危险的。经过一段时间的治疗，海伦·凯勒的命是保住了，但是她却成了一个又聋、又哑、又盲的小姑娘。

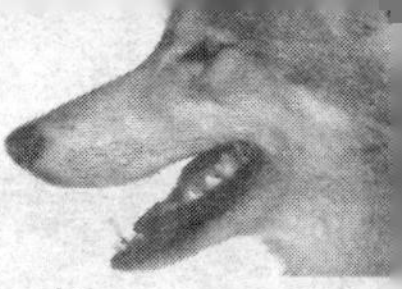

一天天长大的她很想走路，但是每当她迈开步子准备走的时候，却总是被碰得鼻青脸肿。妈妈便每天带着小海伦·凯勒熟悉家里的每一件家具所放的位置，一个月下来，她便能在家里自如地走来走去了。5岁时，她能知道自己每一件衣服所放的位置，因为都是她把自己的衣服一件件叠好，放好。

海伦·凯勒是一个好强的孩子，尽管她不能听，不能看也不能说，但她渴望与人们交流，所以她常常用手势和父母交流，可是有时父母不懂她的意思，引得好强的小海伦·凯勒伤心地大哭。后来父母给她请来教聋哑孩子非常有经验的安妮·沙莉文小姐。第一次见面，沙莉文小姐便给小海伦·凯勒带了一个布娃娃。小海伦·凯勒抱着娃娃高兴极了，沙莉文小姐见机便把她的手拉过来，写了“娃娃”这个单词。但是小海伦·凯勒不明白是什么意思，沙莉文小姐便不厌其烦地一遍一遍地让她摸布娃娃，然后再在她的手心写下这个单词。不久，小海伦·凯勒终于掌握了这种学习方法，于是她拉着沙莉文小姐让她拼写桌子、椅子、床、衣服等自己身边的每一样物品。

沙莉文小姐还常常带着小海伦·凯勒到花园里去认识花、树、玫瑰、小鸟等具有生命的东西，这越发激起她学习的兴趣。沙莉文小姐开始教她盲文，不久小海伦·凯勒便开始阅读盲文书。

1888年5月26日，小海伦·凯勒8岁时，不愿满足的她考上了沙莉文的母校珀金斯学院，开始了正规的学习。这时，沙莉文小姐仍然陪在她的身旁，伴她读书。

沙莉文小姐是一个有经验的热心人，她让小海伦·凯勒摸着她的脸感觉自己说话时舌头、嘴和脸部的运动，然后让海伦·凯勒模仿她的发音。海伦·凯勒很快就学会了6个单词，经过沙莉文小姐的启发，海伦·凯勒开始学习说话了。当然这对于一个十来岁又聋、又哑、又盲的孩子来说是一件极不容易的事情，但海伦·凯勒每天顽强、坚持不懈地练习，最后她终于能够完整地说话了。

接下来，她又以顽强的毅力学习了法语、英语、德语、希腊语、拉丁文等5种语言。她还靠惊人的毅力学习了代数、几何、物理等课程，这些课程都是老师在上面讲，沙莉文小姐在下面写在海伦·凯勒手心上。在此期间，她一边学习一边用打字机写作文和翻译。1896年6月29日，16岁的她通过长期、艰苦卓绝的努力终于考取了哈佛大学，这一消息震惊了纽约。

1897年，哈佛大学的盲人学生海伦·凯勒完成了数十万字的自传体长篇小说《我生活的故事》。小说出版后，在美国引起强烈反响，海伦也因此赢得无数人的尊敬。

失败，挫折，甚至牺牲，在自强不息的奋斗过程中，也是会有的。因为人的一生不可能是一帆风顺的，人们的世界也不会完美无缺。要战胜厄运，通向胜利的道路，只能用自强不息的精神去开辟。事物发展的总趋势，是经过不懈地奋斗，总会取得成功。人生的意义和价值用胜利去衡量是远远不够的，心灵和意志也不能忽视。心灵高尚、意志坚强的人，即使失败了，也是英雄，是“强有力的、独立的、高尚的人物”。他们的失败，是“傲然抗衡胜利的意气扬扬的失败”（蒙田《人生随笔》），可以激励后人，教育来者。胜利后的喜悦也不能说是单一的人生幸福，还在于取得胜利的整个奋斗过程。经过失败挫折、全力拼搏后取得的胜利，是最完满、最充实、最值得回味的；一旦取得胜利，奋斗过程终结，胜利的喜悦就会因丧失奋斗的目标而为一种失落感所代替。哲人有言：“斗争就是幸福”；“与天奋斗，其乐无穷；与地奋斗，其乐无穷；与人奋斗，其乐无穷”，在这里面存在着很大的意义。

## 刚 强

狼说：“越是刚强的人，人生越是孤独。”很多事实和人生已经证明，孤独有时候并不是一件不能被接受的事情，因为孤独中往往会伴随着刚强。

人们喜欢用狮子和狼来形容国外和中国本土企业的竞争，要是找出它的原因，应该就是那部脍炙人口的动画片《狮子王》。不过，也正是因为这部动画片，所有这些文章，似乎都把狮子放到了远高于狼的位置上，而狼则被描绘成为蜷缩在阴暗角落里，满怀野心却又缺乏实力的角色。但是，两个物种高低之分在现实的草原上，真的有吗？

实际上，在为了生存而奋斗的世界中，从来就没有谁有资格扮演天生的“正面角色”，而狼在艰苦的环境中所表现出的野性，正是人们最应该尊敬的地方。

对于草原而言，它是没有天生的主人的。谁说草原的秩序就应该由穆法萨来掌管？谁说辛巴就应该是当然的继承者？谁说狼就应该在黑暗中臣服？真正的草原上没有统治者，就像是在同一个市场上什么样的企业都是平等的一样。在商业环境中，只有一个永远的君王，那就是用户，而所有的企业，都只是生态链中的一环，人们所要做的，就是用自己最大的能力，生存在这片草原，发展在这片草原上。

所以，狮子是值得尊敬的，那狼也是一样的。而且，对于大多数企业而言，学习狼的野性也是更实际的做法。企业要扩张，必须有这三要素：一是敏锐的嗅觉，时刻注意周围潜在的商机，就像狼了解羊群的动

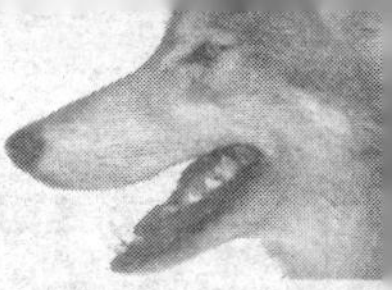

向一样，随时了解用户需求的变化；二是不屈不挠、奋不顾身的进攻精神，再强大的对手也有它的弱点，只要坚持不懈必有收获；三是群体奋斗。因此，企业应该不断培养自己的“狼性”。

也许“狼性”让人联想起残忍与血腥，但残酷本身就是商业竞争的本质。不要忘了，市场不是母亲，她没有耐心也没有仁慈，稍有不慎，你的企业可能就会在别人的嘴下尸骨无存。

狼是坚忍不拔的，在非洲大草原上，饥肠辘辘的狼会以任何可以下咽的东西果腹，在它的食谱中，一种叫作“有鼻白蚁”的昆虫占到60%左右的比例，一个食肉动物，主要的食物竟然是蝼蚁！每个看到这点的人，无不为狼顽强的生存能力感到惊诧。

狼也是沉默孤独的，断杀就是断杀，它不会惺惺作态来表白自己。

现实中，一些国内企业总是在媒体上默默无闻，但却不断迅速发展壮大，并在每年为国家上缴高额利税时，才崭露头角，它们是中国产业真正的脊梁。相反，很多虚张声势，硬要把自己装扮成“狮子”的企业，可是到最后也只能证明自己是一堆泡沫。

做企划如果能加进一些野性、冒险心和幽默感，就可以成为一流的企划者，这是一位企划大师得到的结论。那是因为这样不仅呈现了强烈的个性，同时也造成了其他企划所远不及的明显差异性。当然，要将野性和幽默纳入企划，是需要自信和熟练的。若是凭空想象，随意捏造，那会适得其反。

厦门纵横集团股份有限公司也是从“大树”的荫蔽下走出的。与其他不同的是，纵横集团是被“推”出来的。

刚开始，纵横集团还是电信系统“庶出”的孩子，在通信工程领域稳居垄断地位。有一时期，省电信公司要求附属的多种经营企业与电信系统分家，纵横集团虽被保留，但也面临着改制。在这场电信系统内的大地震中，通信工程的“栅栏”被震开，一时间，十多家通信施工队蜂拥来厦。

纵横集团现在成了完完全全的民营企业。集团副总经理黄鹭生说：“有的员工的确有些失落，但是形势不容多想，摆在企业面前的关键是能不能尽快融入市场，获得更大的市场空间。”

经过改制以后，集团果断调整步伐，在全省各地市成立分公司或办事处，抓住电信系统改制的契机，收编各地市通信工程，接受当地原来的电信工程业务。在省内站稳脚后，纵横得陇望蜀先后在云南、海南设分公司。与此同时，所辖的其他子公司也没有闲住，纷纷拓展各自的市场空间。去年，集团总资产 45 亿元，年营业收入 52 亿元，成了一家“野性十足”的大型集团公司。

# 狼性残暴

狼的自述：

我们之所以被称之为狼，就是因为我们的残暴。

每一种动物在看到我们之后，内心都会战栗，我们喜欢以这样的姿态来面对世人。

我们唯一被人想起的印象就是我们没有“感情”，当然更不会有“情债”。

也许你没有机会看到狼群捕杀其他兽群的“壮观”情景，但从狼性的角度来分析，它们足可以创造出世界上最悲惨的悲剧来。

因为，狼就是狼，它不是人类驯养出来的狗，它们永远都会是残暴的。

关于狼残暴的故事很多，但下面这个，绝对可以称得上狼性残暴、贪婪的经典。

有一只饿得发狂的狼发现在山脚下有个洞，附近的各种动物都有可能把这个洞当作歇息的地方。

狼心想，我们能够守住这个山洞的话，就不用那么费劲地捕猎了。于是，它堵上洞的另一端，单等其他动物来送死。第一天，来了一只羊，狼没有追上去，它还在等着下面的动物到来。第二天，又进来了一群兔子，狼依然没有追捕，它还在等着，它拥有的就是耐心。

面对眼前的美食，狼在思考着怎么慢慢地消化它们。它想，第三天如果再来一批的话，我这半个月的食物就都有了。果然，第三天又来了一只动物，这次来的却是一只老虎，狼和其他的动物都成了老虎的美食。

从这个故事里，人们读到了狼的贪婪和凶残，它有足够的耐心，有足够的智慧，更有足够的凶残，但它却没有对“敌人”果断坚决。这些运用到人们的生活、事业中也是非常重要的。

## 在狼性中做企业

狼其性也：野、残、贪、暴。

每一家著名的企业，都有其“狼性”文化。而正是这种狼性文化使得企业越发壮大。狼性文化之所以成功，是因为它带着野性的拼搏精神。

中国数千年的文化所倡导的主流就是几千年的孔孟中庸之道。“循规蹈矩、忍辱负重”是这种文化的重要内涵。从古至今，这种中庸之道的封建糟粕害得我国民性保守，惰性十足，故步自封，闭关自守。这和现代社会的发展是非常不相称的。而企业的成功，所抛弃的就是这种文化，登上现代舞台其实就是“狼性”文化。

很多中国企业称自己狼性十足。在不少中国企业家眼里，狼都是一种值得学习的动物。从华为的“狼性”到海尔集团董事局主席张瑞敏对狼的推崇，以及联想总裁杨元庆强调的“如狼似虎”，都可以感受到这种文化迅速而有力的发展。

但狼也有其致命缺陷所在，比如，狼的鼻子、腿，是猎人攻击的重点。在商业战场上，中国狼也在遭遇困境，曾经颇具狼性的 PC、DVD、软件、手机业，纷纷遭遇危局。

**中国狼性企业的暗伤**

狼性企业的重要竞争战略是“创造性模仿”，通过比创新者更透彻地了解新技术与市场需求的关系，创造性模仿能为新技术的应用寻求更准确的市场定位，并借助对新技术的创造性模仿来建立竞争优势。例如，个人电脑的设计思想最早来源于苹果电脑，但当 IBM 认识到了个人电脑广泛的市场前景后，便立即通过创造性模仿推出了标准的 PC 机型，以最快的速度占领了市场。

事实上，“创造性模仿”策略在攻敌之弱的同时，自身的弱点也成为对手的攻击点。这就是“创造性模仿”之伤：

第一，“创造性模仿”同样会有很多的模仿者。一个有价值的定位肯定会引起他人的争相仿效，从而使最初的独特定位丧失。比如，最近的国产手机整体下滑，TCL 移动就把原因归结为：由于国产手机的盲目上马和过热生产，类似的产品让市场感到了一种疲倦的状态。

第二，模仿，却缺乏创新。片面地模仿，而在核心技术上的缺失，使得国内厂商受制于人。

第三，为预防坠入增长陷阱，持久的战略需要做出坚定的放弃。很多时候，国产企业更喜欢一哄而上、彼此模仿，今天比拼百万像素，明天比拼渠道能力，或者比拼代言明星的大牌，而且，这些“创造性模仿”的高手们更不愿意去放弃一些东西，最后都是真正的差异化没有得到实现。

与此同时，执行缺陷也在成为一大瓶颈。

经理人关注狼道，事实上也反映了一个现实：高层管理人员、股东和董事会已经对英雄式的领导提出了质疑。

不管怎么说，中国很多公司组织仍然是重英雄而轻团队的。锡恩公司总经理姜汝祥也曾认为，中国企业的战略是“总裁战略”——总裁的话就是战略，中国企业的管理是“总裁管理”——总裁的命令就是管理。中国绝大部分公司都没有基于管理流程的战略模型。

狼群历来是团队合作的楷模，但是，具有讽刺意味的是，中国狼性企业很多并不擅长此道。

IBM 大中华区董事长兼 CEO 周伟曾有一个颇有趣的论断：小企业看老板，中企业看管理，大企业看文化。对不少中国公司而言，团队合作不畅至少跟公司文化有直接关系。

Ram Charan——福特汽车公司顾问，他说根据他的研究，行政总裁之所以失败，主要原因就是执行不力。“就这么简单：无法完成任务、优柔寡断、不能履行承诺。”造成执行不力的一个主要原因是没能在适当的职位安排适当的人，员工问题没能及时解决。比如，那些业绩一直不好，对企业的发展有所阻碍的关键性人物没有得到处理，这就是行政总裁的失败所在。

**狼性企业的团结**

狼性的企业肯定是团结的企业，而狼群最伟大的品质就是它们的合作精神，人们几乎可以将狼群的行动看成“合作”的隐喻。狼之所以伟大，就是因为它们的合作精神，这是它们的取胜之道。

在广阔的草原上，一场大雪下过之后，大地一片白茫茫，许多动物都早已进入了冬眠。可是，狼却必须寻找食物。狼群很少贮存食物，而在这样的环境中寻找食物是非常困难的。狼群必须保存它们的体力，因为往往在一两天的奔波后，它们却还是一无所获。如果它们不尽量地保存自己的体力，那么连续的劳累再加上饥饿和严寒的折磨，它们就很可能丢掉性命。聪明的狼群在这时采取单列行进的办法，一头接一头，这样它们就能保证狼群消耗最少的体力。跑在最前面的狼体力消耗非常大，它必须在厚厚的雪地上，走出第一行脚印，这样后面的狼就能节省许多的体力。但领头的狼跑不了多久就会疲惫，这时它就会自动退到队伍的最后面，休息一下，养精蓄锐，以便能够保存体力，继续战斗。

再来看看狼捕猎时的场景。狼群在围猎时，有严格的战术和作战纪律。每头狼都有自己的任务，任何狼都不能擅离职守。有些狼要做先锋，去骚扰猎物；跑得快的狼去围追或者到前面堵截；强壮的狼去猎杀强壮的猎物；弱小的狼去猎杀相对弱小的猎物。

20 世纪是个人英雄辈出的时代，21 世纪是合作制胜的时代。在合作中双赢、多赢已成为时尚。

娃哈哈公司某区域市场产品销售始终做不上去，公司去了一名市场总督导，经过调查，发现主要原因是团队问题，内部涣散不团结，无法形成协同合作的战斗力。这位领导没有开会讲道理，也没有斥责、处罚

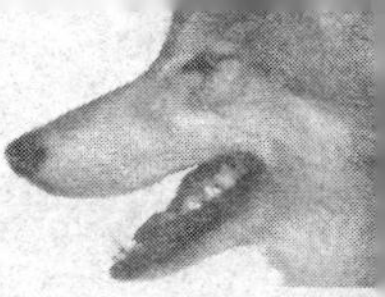

任何一个人，而是别开生面地安排了一次“盲阵”活动。起初大家乱成一团糟，各有自己的主张，时间一分一秒地过去了，在烈日下经过漫长而无为的争吵和煎熬大家渐渐开始明白了，必须确立一名优秀者为领袖，还要有智者为助手，统一意志、统一目标、统一行动，大家都能自觉地做到令行禁止，各负其责。在完成游戏后，大家联系具体工作进行了异常热烈的讨论，对于团队合作精神有了深刻的认识，自觉地做了批评与自我批评，每个人都由衷地表了决心，此后该团队表现出了惊人的业绩，被动的市场局面很快得以扭转，当年销售额突破 3 个亿。二万五千里长征途中的中国工农红军，条件之艰苦、士气之高涨、意志之坚强堪称世界之最。除了崇高的理想和出色的政治思想工作之外，毛主席生病不坐担架坚持步行，彭大将军为将士充饥痛杀心爱的宝马，伟大领袖们身体力行的表率作用对当时红军队伍的斗志就是最简单而有效的激励！张瑞敏的“砸冰箱”，砸出了海尔卓越的质量，这一铁锤比千言万言更有效！哈费尔的经典案例渔夫与威士忌的故事都充分说明了简单、直接的激励方法对团队精神的激励是最有效的。

市场竞争已经在企业的每一个成员身上扩展和深化，人力资源的竞争已经激化到一个前所未有的高度，团队制胜才是决胜市场的法宝。因此，一个优秀的员工，在工作中应该与同事团结一致，企业得到发展了，自己也会得到发展。

曾经有一次，联想运动队和惠普运动队进行攀岩比赛。惠普队强调的是齐心协力，注意安全，共同完成任务。联想队在一旁，没有做太多的士气鼓动，而是一直在合计着什么。比赛开始了，惠普队在全过程中几处碰到险情，尽管大家齐心协力，排除险情，完成了任务，但因时间拉长最后输给了联想队。那么联想队在比赛前合计着什么呢？原来他们把队员个人的优势和劣势进行了精心组合：第一个是动作机灵的小个子队员，第二个是一位高个子队员，女士和身体庞大的队员放在中间，垫后的当然是具有独立攀岩实力的队员。于是，他们几乎没有险情地迅速完成了任务。可见团队的一大特色：团队成员在才能上是互补的。共同完成目标任务的保证就在于发挥每个人的特长，并注重流程，使之产生协同效应。

团队精神的最高境界——凝聚力。全体成员的向心力、凝聚力是从松散的个人集合走向团队最重要的标志。在这里，有着一个共同的目标并鼓励所有成员为之而奋斗固然是重要的，但是，向心力、凝聚力来自团队成员自觉的内心动力，来自于共识的价值观，很难想像在没有展示自我机会的团队里能形成真正的向心力；同样也很难想象，在没有明确的协作意愿和协作方式下能形成真正的凝聚力。那么，确保没有信任危机就成为问题的关键所在，而损害最大的莫过于团队成员对组织信任的丧失。

## 进攻型战略

狼性的残暴可以转化为企业的进攻型战略。它对企业的发展是非常重要的。进攻型战略在特定的时间区域内会具有非常明显的作用。可以先举个例子，在20世纪中期进行的解放战争中，从1946年6月至1947年6月，人民解放军处于战略防御阶段。战争主要在解放区进行。中国共产党制定了放手发动群众，调动一切积极因素，团结一切可以团结的力量，建立最广泛的民主统一战线的政治方针，以及集中优势兵力，各个歼灭敌人，以消灭敌人有生力量为主要目标的军事方针。

但是到了1947年7月，人民解放军由战略防御转入战略进攻，以主力打到外线去，将战争引向国民党统治区，这样的变动对敌人的打击是巨大的，在外线歼灭大量的敌人，使得双方的力量对比迅速发生了变化。

这就是进攻型战略在战争中所起到的作用，把这个战略运用在企业中也是如此。一味的防守会带来更大的被动，如果抓住机会主动出击，那么就会取得意想不到的效果。进攻型的战略使得很多中小企业迅速发展壮大，也推动了市场，加速了经济的发展。

1988年至1997年的9年内，海尔集团兼并了青岛电镀厂、空调器厂、冷柜厂、红星电器厂、武汉希岛公司等15家企业。1997年是海尔在国内的兼并年，一年内，先后兼并了广东、贵州、安徽等省的6家企业。通过一系列兼并和收购，海尔盘活了近20亿元的存量资产，初步完成了集团的产业布局和区域布局，取得了明显的经济效益。海尔集团的工业销售额以年平均69.1%的速度递增，1997年突破108亿元，为21世纪初进入世界500强的目标打下了良好的基础。

市场经济条件下，企业兼并是风险很大的资本动作，海尔人经过多年摸索，已总结形成了一套充分利用自身优势，以无形资产盘活有形资产，以海尔管理、文化模式救活亏损企业的兼并谋略，就是进攻型战略的最大发挥。

**攻击麦当劳的侧翼**

温迪商号是肯德基炸鸡店的前副总裁创立的，在1969年才建立起第一个具有传统特色的汉堡包销售店。尽管起步较晚，但温迪通过对汉堡包成人消费者市场的侧翼进攻，迅速成长起来。成年人是温迪广告的主要对象，强调让成年人在一个舒适的环境中来享用自己的一份食品。在这里，没有免费的草帽或气球，但在温迪商号，最小的汉堡包为1/4磅，其开头为圆形，因此它容易吸引人们的注意力。温迪商号“热得流汁”的汉堡包需要“很多餐巾”。商业节目这样说：你不会让你的孩子吃这种面包，否则的话，当你们回家后，你将不得不为他们换衣服。“热得流

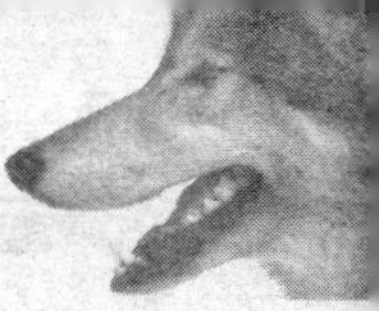

汁”是它的一种广告策略，它把成年人的汉堡包观点灌输到大众的心中。

接下来出现的是一位 80 多岁的老人——克莱拉·帕勒的惊讶的表情。“牛肉在哪里”这则广告，在电视商业节目中，还没有哪一个节目能像它一样抓住了公众的想象力。在 1984 年，“牛肉在哪里”这条广告使温迪商号的销售额提高了 26%。由于它成了沃尔特·蒙德拉和许多其他人的口头禅，因此在几年时间它都是最流行的话语。但有助于提高温迪商号销售的更为重要的事实是“适合成年人口味的、较大的汉堡包”。此术语抓住了温迪的战略本质。

之所以叫技术进攻型战略，就是指组织要通过开发或引入新产品，全力以赴，追求组织产品或技术水准的新颖性与先进性，抢先占领新市场，确保在市场竞争中保持强有力的技术领先地位。采用该战略的组织，在技术上是先进的，所占领的市场，不会轻易被竞争者夺走，并且这个战略成功了以后，还可以给企业带来金额上的很大利润。

运用技术进攻型战略的企事业单位，可分三种不同的途径来达成组织的战略目标。首先，可以通过科研投入，包括基础研究和应用研究上的投入，来推动技术上的创新与新产品的开发。其次，要集中力量，通过对市场潜在的有效需求的调查研究，推动技术知识物化为新产品。最后，还要注意到，企业家的主动性及创新精神最大限度的挖掘，一样可以让技术得以更新，新产品得到开发。

在新产品的研制进程中，企业所需的资金容量大，风险高，所以，企业还应做好相关的市场调查及市场预测工作，确保能够在先进技术的高度上，预见到未来市场的潜在需求。此外，为保持获取垄断利润，采用该战略的组织，创新产品及技术进行专利保护也是有必要做的。

对采用技术进攻型战略的组织，要求很高，必须要有能力批量生产新产品，才能占领较大的市场。因此，与之相符的是，采用技术进攻型战略的组织，应该是企事业单位拥有独立的研究和开发机构，有较强的技术研究开发能力和雄厚财力的组织。

## 果断坚决

在经过慎重考虑、谨慎琢磨之后果断、坚定之举是以丰富的经验、学识为前提的，是一种特殊的勇敢。一个人如果有了迅速的决断力和坚决的自信心，他就会拥有更多成功的机会，这远不是犹豫不决、模棱两可的人可以跟他相提并论的。

一天，一个恋爱中的年轻人很想到他的女友家去，找她出来，一块儿消磨一个下午。但是，他又犹豫不决，不知道究竟应该不应该去，怕去了之后，显得太冒昧，或者他的女友太忙，拒绝他的邀请。于是他左右为难了半天，最后，勉强下了决心，坐上一辆三轮车去了。

但是，当车一进他女友住的巷子，他就开始后悔起来，怕这次来得不受欢迎，又怕被女友拒绝，他简直希望车夫把他直接拉回去。

车子终于停在他女友的门前了，他虽然后悔来，但既然来了，只得伸手去揌门铃。现在他只希望来开门的人告诉他说："小姐不在家。"他揌了一下门铃，等了3分钟，没有人答应，他勉强自己再揌第二下，又等了2分钟，仍然没有人答应，于是他如释重负地想："全家人都出去了。"

于是他带着一半轻松，一半失望回去了。心里想：这样也好，但事实上，他很难过。其实他的女友从早晨就盼望这位先生会突然来找她，带她出去消磨一个下午。她不知道他曾经来过，因为她门上的电铃坏了。那位先生如果不是那么犹豫不决，如果他在揌电铃没有人应声时，用手拍门试试看的话，他们就会有一个快乐的下午了。但是，他并没有下定决心，所以他只好徒劳而返。

要去做一件事情，是不是有足够的决心，这就决定着会有两种不同结果的出现。还有一位先生，他听说某公司招考一名职员。这公司的待遇优厚，远景也好。他很想去试试，但是他怕自己能力不够，又怕万一考不取丢脸。于是他犹豫着，没有下定决心。直到最后，他发现另外一个比他条件差得很多的人居然考取了，他才后悔自己为什么不去试一试。

许多事是应该有勇气和决心去争取的。某单位的一主管先生有一种不允许别人有机会扰乱他意志的长处。往往在别人还在他旁边啰啰唆唆地叙述事情的困难的时候，他已把他的办法拿出来了。干净利落，决不拖泥带水。他只要认清问题的症结所在，就完全凭事理去判断、去决定。该怎样就怎样，枝节问题不在考虑范围之内。最让人不得不服的就是他那种明快果断的本领。而一般人，却常常做不到这样。当人们遇到问题的时候，时常并不是对这问题的本身不能理解，而是往往被枝节问题所困扰，太容易被周围人的闲言碎语所动摇，太容易瞻前顾后，患得患失，以至于给外来的力量一种可以左右自己的机会。谁都可以在你摇摆不定的天平上放上一个砝码，随时都有人可以使你变卦，结果弄得别人都是对的，自己却没有主意，这真是成功途中的大障碍。

要想没有这种障碍，自然得先训练自己对事理的判断能力。但最重要的还是要训练自己在判断之后，坚定、勇敢、有自信地去把这个判断付诸实施的能力。

对一个坚决朝目标走着的人，别人一定会为他让路。而对一个踌躇不前、走走停停的人，别人一定会抢到他前面去。

两点之间，直线最短。人们应决心朝着既定的方向走去，越直接越好，一定要坚决地信赖自己。

# 狼性目标

狼的自述：

有时候我们的目标会非常的简单，那就是让自己生存下去。这在自然界并不是什么难堪的事情，因为我们需要面对的危险很多，虽然我们本身也是其他动物的危险。但这是自然界的法则，不是我们所能改变的。

## 执着追求

执着追求的人并不全都是勇敢的人，但勇敢的人必是执着追求的人。勇敢，强者之精魂。披坚执锐，横刀立马的沙场，属于勇者；科学的桂冠当属于敢冒风险、勇于竞争的攀登者；同样勇敢追求的人才会拥有爱的甜蜜。

正如 Pritam 所说：“‘Hari（神）’的道路属于勇敢者，而不是懦夫。”“Hari”在这里的意思真的可以说是真理，勇敢者是用无谓装备起来的人，而不是持剑、拿枪之类的人。用武器装备自己的人只能是充满恐惧的人。

所有恐惧都会被真理的追求者所征服。在追求真理的过程中，他准备牺牲所有的一切，甚至就像柯利斯钱达拉做的那样。柯利斯钱达拉故事可能是个寓言，但每位追求真理的人将从个人的经历中见证它的真实。故事和历史事实同等的珍贵和重要。

执着追求是一种精神，更是一种意志的考验。古今中外的成就者，没有一个不曾无悔地追求过。

**南瓜的力量**

在美国麻省 Amherst 学院曾经进行了一个很有意思的试验。试验人员用很多铁圈将一个小南瓜整个箍住，以观察当南瓜逐渐地长大时，对这个铁圈产生的压力有多大。最初他们估计南瓜最大能够承受大约 500 磅的压力。

在实验的第一个月，南瓜承受了 500 磅的压力；实验到第二个月时，这个南瓜承受了 1500 磅的压力，当它承受到 2000 磅的压力时，研究人员必须对铁圈加固，以免南瓜将铁圈撑开。

最后当研究结束时，整个南瓜承受了超过5000磅的压力后瓜皮才产生破裂。

他们打开南瓜并且发现它已经无法再食用，因为它的中间充满了坚韧牢固的层层纤维，试图想要突破包围它的铁圈。为了吸收充分的养分，以便于突破限制它成长的铁圈，它的根部甚至延展超过8万英尺，所有的根往不同的方向全方位地伸展，最后这个南瓜独自地接近控制了整个花园的土壤与资源。

由南瓜的成长想到人生。人们对于自己能够变得多么坚强常常毫无概念！假如南瓜能够承受如此庞大的压力，那么人类在相同的环境下又能够承受多少压力？大多数的人能够承受超过人们所认为的压力。因为你拥有比你想象中大得多的潜能！只要像小南瓜一样将绑住的铁圈挣脱，就没有什么困难能够阻挡你！

在中国人的人生智慧长河中，永远指导人生的原则就是执着追求。

人生是美好的，如果你想接受最好的，只要你能执着地追求，那么你就经常会得到最好的。

下定决心、执着追求，一个成功人士的自述：

你的人生中有多少个10年，就在一眨眼间就不见了，你这辈子就在平平淡淡中浪费了你的生命，千万不要幻想；千万要下定决心，执着地做你想做的事，因为你的人生决定于你所做的决定。

我时常告诉我的学员："成功有三个最重要的秘诀，第一个就是下定决心；第二个还是下定决心。"第三个我问他们是什么？他们就说："那当然还是下定决心。"

凡事想成功就要下定决心，很多人就问我："万一下定决心，可是还不成功怎么办？"我就跟他们说："这根本是一派胡言，怎么可能下定决心还不成功，假如下定决心了还不能成功，那就表示他不是真正的下定决心，因为如果他真正下定决心了，那他的决心就一定会帮助他坚持到底，遇到困难决不放弃，直到成功为止，这才是真正的下定决心。"

我记得我17岁的时候在做推销员，我所有的亲戚朋友，都非常反对我做推销员，所以，我只好做陌生拜访，可是我又不大敢做陌生拜访，因为我害怕敲别人家门或跟陌生人谈论产品的时候，会被他们拒绝，因此业绩一直无法突破。

直到有一天，我的经理跑来找我，他说："你今天跟我去拜访。"

结果我就跟他下楼走到马路上，他看到对面走来一个小女孩，就告诉我："假如我现在走过这条马路没有办法向她推销产品的话，我走回马路时就被车撞死给你看。"当时我听了吓了一大跳，认为他怎么可能说出

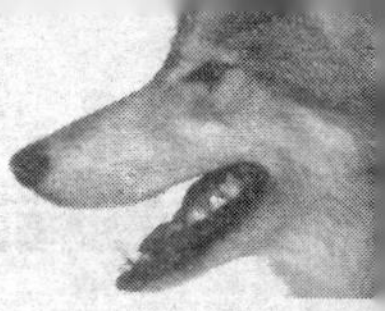

这种话。

于是我看他走过马路，开始向这位小女孩推销产品，经过了15分钟之后，他终于把产品卖出去了。

于是，隔天我也想如法炮制，我就走下楼，开始向陌生人推销。可是，当我向陌生人开口的时候，头脑里马上想到万一被拒绝怎么办？于是我又打退堂鼓了。

后来我回公司里面，找了一位同事并带他下楼，对他说：“你看着，假如我无法向对面那个陌生人推销产品的话，我走过马路来就被车撞死给你看。”

当我说完这句话的时候，我脑海里一片空白，根本不知道我即将如何推销。我硬着头皮走过去，开始与陌生人交谈，我根本不知道我要说什么，但是我又不能走回头路，因为，我刚刚做过承诺，发过誓了，于是我使出浑身解数向这位陌生人推销产品，20分钟之后，不可思议的事情发生了：他终于买了我的产品。

后来我发现，原来是我的决心帮助了我推销成功。

在我20岁那年，我上了一个课程，在课堂上老师告诉我：“下一次还有一个课程非常棒，这个课程可以帮助我们激发所有的潜能，让自己能够成为顶尖人物。”

我说：“这个课程很好，可我没有钱，等我存够了钱再上。”这时老师对我说：“你到底是想成功，还是一定要成功？”

我说：“我一定要成功。”他又问我：“假如你一定要成功的话，请问你会怎么处理这件事情？”

于是我说，我立刻借钱来上课。

当然，上完课之后，我有了很大的成长。

于是，老师又告诉我们：“下次还有一个课程，还是相当棒，会教给我们领导与推销方面的知识。”

我听了之后非常兴奋，可是我没有钱，我只好等到明年再上。

当时老师又问我：“你到底是想成功，还是一定要成功？”我又回答：“我当然一定要成功啊！”

“你一定要成功，那你要等到什么时候才来上课？你的收入不够，所以你没有钱，你更应该来上课才是，你说是不是呢？”于是，我又借钱来上课，就这样，反反复复，我一共借了十几万来上课。

当上完这些课程之后，我的人生产生了一个非常大的改变，我认为这一辈子都是在那几次课程中塑造出来的。

后来我分析，到底我的人生是怎么改变的，发现答案只有四个字，那就是："下定决心。"

"想要"和"一定要"是不一样的，很多事情看起来很困难，可是当你下定决心以后，它就变得非常简单。

很多人时常把下定决心挂在嘴边随便说说，今天说："我决定要这么做了。"明天又说："我决定要那么做了。"后天又说："我决定放弃了。"他们都没有把下定决心当作是一件严肃的事情。我认为真正的决定是一种强烈的欲望——不成功决不罢休的欲望，一定要做到成功为止。否则决不放弃，这才是真正的下定决心。

我从事这个工作8年了，能坚持到今天，甚至还能够出书分享我的经验，我想完全是因为8年前深深地下定了一个决心——我将来一定要成功！

记住，你的人生从你下定决心那一刻开始改变，你所做出的任何一个决定都决定了你的人生。我有很多学员他们想戒烟，他们想转行，他们想突破自我，可是经过了很多年，尝试了很多次，还是不成功。我将这一种观念告诉他们，结果他们现在都有相当大的转变。

所以，各位朋友，千万不要在那儿"想"成功了，你想成功一辈子也不会成功的。不相信你去问在路上的乞丐他们想不想成功？他们可能也想成功；你去问餐厅的服务员，他们想不想月收入10万？他们也想；你去问在等公共汽车的老太太，她们想不想坐奔驰车？她们当然也想。可他们为什么做不到呢？因为他们都只是"想"，而没有下决心、执着地前进！

生活中需要人们执着追求。

## 热忱是一种力量

拥有狼的不懈追求，热忱是非常重要的。

先来看一幅名人的座右铭：

你有信仰就年轻，疑惑就年老；

有自信就年轻，畏惧就年老；

有希望就年轻，绝望就年老；

岁月使你皮肤起皱，但是失去了热忱，就损伤了灵魂。

"有史以来，没有任何一项伟大的事业不是因为热忱而成功的。"爱默生的名言。

拿破仑·希尔说，热忱是一种意识状态，能够鼓舞及激励一个人对手中的工作采取行动。而且不仅如此，它还具有感染性，对其他热心人士产生重大影响，所有和它有过接触的人也将受到影响。热忱和人类的

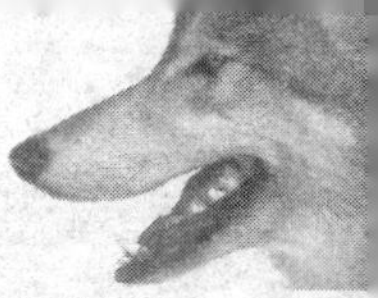

关系，就好像是蒸汽机和火车头的关系；它是行动的主要推动力。人类最伟大的领袖就是那些知道怎样鼓舞他的追随者发挥热忱的人。热忱也是推销才能中最重要的因素。把热忱和你的工作混合在一起，那么，你的工作将不会显得很辛苦或单调。热忱会使你的整个身体充满活力，使你只需在睡眠时间不到平时一半的情况下，你的工作即使比平常多两到三倍，也不会感觉到累。

一直以来，晚上都是拿破仑·希尔的写作时间。有一天晚上，当拿破仑·希尔正专注地敲打打字机时，偶尔从书房窗户望出去——他的住处正好在纽约市大都会高塔广场的对面——看到了似乎是最怪异的月亮倒影，反射在大都会高塔上。那是一种银灰色的影子，是他从来没见过的。再仔细观察一遍，拿破仑·希尔发现，那是清晨太阳的倒影，而不是月亮的影子。原来已经天亮了。他工作了一整夜，但太专心于自己的工作，使得一夜仿佛只是 1 个小时，一眨眼就过去了。又继续工作了一天一夜，除了其间停下来吃点清淡食物以外，未曾停下来休息。如果不是对手中工作充满热忱，而使身体获得了充沛的精力，拿破仑·希尔要是连续工作一天两夜而一点没有感觉到累，这也许不可能。

创造良好的售后服务条件是当今世界上最大的计算机制造公司的成功秘籍。为使全体员工保持极大的工作热情，长期以来，该公司为此挑选了一批优秀的技术骨干，专门负责解决顾客的问题和疑难，而且向顾客许诺：服务必须在顾客提出要求后的 24 小时之内完成。

一家使用 IBM 计算机的公司有一次打来长途电话，请求该公司立即派人前去帮助修理计算机出现的故障。可是这家用户地处偏远的山区，靠一般的交通工具需要花费两天的时间才能到达。为了及时地帮助顾客排忧解难，维护公司的声誉，经过短时间地研究之后，该公司的维修人员毅然踏上了直升飞机，及时赶到了用户家里，而且对用户表示歉意，满怀热情地为用户顺利而及时地排除了故障，使这家客户大为感动。优质的产品及工作人员良好的工作热情，使 IBM 公司在世界计算机销售领域中独占鳌头。

积极的心态能够鼓舞及激励自己及他人在做事时采取积极行动。所以要想获得这个世界上最大的奖赏，你必须拥有过去最伟大的开拓者将梦想转化为现实的献身热情，以此来培养自己的才能。

有热忱，你就会变得很强大。

**热忱是工作上的灵魂**

成功与其说取决于人的才能，还不如说是取决于人的热忱。这个世界为那些具有真正的使命感和自信心的人大开绿灯，到生命终结的时候，他们依然热情不减当年。无论出现什么困难，无论前途看起来是多么暗淡，他们总是相信能够把心目中的理想图景变成现实。

也许每个人都会欣赏那些满腔热情工作之人。热忱可以借由分享来复制，而不影响原有的程度，它是一项分给别人之后反而会增加的资产。你付出的越多，得到的也会越多。生命中最巨大的奖励并非来自财富中的积累，而是由热忱带来的精神上的满足。

当你兴致勃勃地工作时，并努力使自己的老板和顾客满意的时候，那么你所获得的利益就会大力增加。热忱是一种神奇的要素，当你在你的言行中加入一点热忱的时候，你就会吸引更多的具有影响力的人物，同时它也会为成功奠定基础。

所有的这些（诚实、能干、友善、忠于职守、淳朴）特征，对准备在事业上有所作为的年轻人而言，都是不可缺的，但是更不可缺的是热忱——将奋斗、拼搏看作是人生的快乐和荣耀。

发明家、艺术家、音乐家、诗人、作家、英雄、人类文明的先行者、大企业的创造者，无论他们来自什么种族、什么地区，无论在什么时代——那些引导着人类从野蛮社会走向文明的人们，无一例外不是充满热忱的。

如果你不能使自己的全部身心都投入到工作中去，你无论做什么工作，都可能沦为平庸之辈。你无法在人类历史上留下任何印记；做事马马虎虎，只有在平平淡淡中了却此生。如果是这样，你的人生将与千百万的平庸之辈是一样的结局。

热忱是工作上的灵魂，甚至就是生活本身。如果年轻人不能从每天的工作中找到任何乐趣的话，仅仅是因为要生存才不得不从事工作，仅仅是为了生存才不得不完成职责，像这样的人注定会有一个失败的结果。

假如年轻人以这种工作状态来对待自己的工作，那么他们一定犯了某种错误，或者错误地选择了人生的奋斗目标，使他们在天性所不适合的职业上艰难跋涉，白白浪费着精力。他们需要某种内在力量的觉醒，应当被告知，这个世界需要他们做最好的工作，人们应当根据自己的兴趣把各自的才智发挥出来，根据各人的能力，使它增至原来的 10 倍、20 倍、100 倍。

从来没有像现在这样，给满腔热情的年轻人提供了如此多的机会！这是一个年轻人的时代，世界让年轻人成为真与美的阐释者。大自然的秘密，就要由那些准备把生命奉献给工作的人，那些热情洋溢地生活的人来揭开。各种新兴的事物，等待着那些热忱而且有耐心的人去开发。

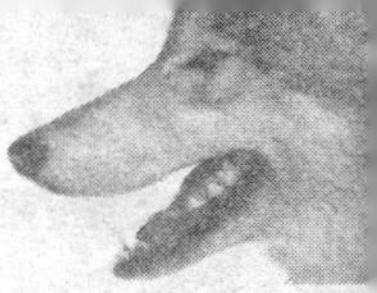

各行各业，人类活动的每一个领域，都在呼唤着满腔热忱的工作者。

热忱是战胜所有困难的强大力量，它能使你保持头脑清醒，进而使全身所有的神经都处于兴奋的状态，然后去进行你内心渴望的事；它不能容忍任何有碍于实现既定目标的干扰。

著名音乐家亨德尔年幼时，家人不准他去碰乐器，不让他去上学，哪怕是学习一个音符。但这一切又有什么用呢？他在半夜里悄悄地跑到秘密的阁楼里去弹钢琴。莫扎特孩提时，整天要做大量的苦工，但是到了晚上他还是偷偷地去教堂聆听风琴演奏，将他的全部身心都融化在音乐之中。巴赫年幼时只能在月光底下抄写学习的东西，连一支蜡烛的要求也被蛮横地拒绝了。当那些手抄的资料被没收后，他依然没有灰心丧气。在皮鞭和责骂中走过儿童时代的奥利·布尔更是充满热忱专注地投入到他的小提琴曲中。

没有了热忱，军队就打不了胜仗，雕塑就不会如此般的栩栩如生，音乐就不会那样的迷人，人类就没有驾驭自然的力量，给人们留下深刻印象的雄伟建筑就不会拔地而起，诗歌就不能打动人的内心深处，那么在这个世界上也就不会有慷慨无私的爱。

热忱使人们拔剑而出，为自由而战；热忱可以使大胆的樵夫举起斧头，开拓出人类文明的道路；热忱使弥尔顿和莎士比亚拿起了笔，在树叶上记下他们燃烧着的思想。

“伟大的创造，”博伊尔说：“离开了热忱就无法干任何事情。这也正是一切伟大事物激励人心之处。离开了热忱，任何人都算不了什么；而有了热忱，任何人都不可以小觑。”

热忱，它是所有成就在取得过程中最具活力的因素。它融入了每一项发明、每一幅书画、每一尊雕塑、每一首伟大的诗、每一部让世人惊叹的小说或文章当中。它是一种精神上的力量。它只有在更高级的力量中才会迸发出来。在那些为个人的感官享受所支配的人身上，你是不会发现这种热忱的。它的本质也是一种积极进取的力量。

最好的劳动成果都是由头脑聪明以及具有对工作热情之人来完成的。在一家大公司里，那些吊儿郎当的老职员们嘲笑一位年轻同事的工作热情，因为这个职位低下的年轻人做了许多自己职责范围以外的工作。然而不久他就被从所有的雇员中挑选出来，从此当上了部门经理，进入了公司的管理层，令那些嘲笑他的人对他刮目相看。

热忱，使人们的决心更加坚定；热忱，使人们的意志更坚强！它给人们的思想以力量，促使人们能及时行动起来，直到把可能的都变成现实。不要畏惧热忱，如果有人愿意以半怜悯半轻视的语调把你称为狂热分子，那么就让他这么说吧。一件事情如果在你看来值得为它付出，如果那是对你努力的一种挑战，那么，就把你能够发挥的全部热忱都投入到其中去吧，至于那些指手画脚的议论，则大可不必理会。俗话说："笑到最后的人，才是最好的笑。"成就最多的，从来不是那些半途而废、冷嘲热讽、犹豫不决、胆小怕事之人。

一个能把所有的精力都高度集中于他所做的事情之上的人，是根本没有功夫去考虑别人的闲言碎语的，而世人也终究会承认他的价值。

对于你所要做的工作，当然要进一步的认识到它的价值和重要性，它对这个世界而言是不可或缺的。然后全身心地投入到工作中去，把它当作你特殊的使命，把这种信念深深根植于你的头脑之中！

这就如美一样，源源不断的热忱，使你留住青春，让你的心中永远充满着阳光明媚。有人曾这样说道："请用你的所有，换取满腔的热情。"

**把工作看成是人生中的趣事**

人生最有意义的就是工作，显然与同事相处是一种缘分，与顾客、生意伙伴见面是一种乐趣。即使你的处境再不尽如人意，也不应该厌恶自己的工作，世界上再也找不出比这更糟糕的事情了。如果环境迫使你不得不做一些令人乏味的工作，那么你就应该想尽一切办法使之充满乐趣。用这种积极的态度投入到工作方面，无论以后做什么，都很容易地取得更好的效果。

其实人可以通过工作来学习，通过工作来获取一些经验、知识和信心。你对工作投入的热情越多，决心也就越大，工作效率显然也就越高。当你抱有这样的热情时，上班就不再是一件苦差事，工作就会变成一种乐趣，就会有许多人愿意聘请你来做你所喜欢的事。工作是为了自己更快乐！如果你每天工作八小时，你就等于在大海里快乐地游泳，这是一件多么好的事情！

也许有人见过一些在大公司工作的员工，他们拥有渊博的知识，受过专业的训练，他们朝九晚五穿行在写字楼里，有一份令人羡慕的工作，拿一份不菲的薪水，但是他们并不快乐。他们是一群孤独的人，不喜欢与人交流，不喜欢星期一；他们视工作如紧箍咒，仅仅是为了生存而不得不出来工作；他们精神紧张、未老先衰，常常患胃溃疡和神经症，他们的健康才真是更加令人担忧。

当你在乐趣中工作，如愿以偿的时候，就该喜欢你所选的，不轻言改变。假如你刚开始觉得压力非常大，情绪越来越紧张，在工作中感受不到乐趣，没有喜悦的满足感，就说明有些事情不对劲了。如果不从心理上调整自己，即使换一万份工作，也不会有所改观。

一个人工作时，如果能以精益求精的态度，火焰般的热忱，充分发挥自己的特长，那么不论做什么样的工作，都不会觉得辛劳。如果能以满腔的热忱去做最平凡的工作，也能成为最精巧的艺术家；如果以冷淡的态度去做最不平凡的工作，是绝不可能成为艺术家的。其实，在各个行业之中都有发挥才能的机会，事实上，是没有哪一项工作可以藐视的。

如果一个人轻视、厌恶自己的工作，那么到最后他必定会遭受到失败。引导成功者的磁石，不是对工作的鄙视与厌恶，而是以一种真挚、乐观的精神和百折不挠的毅力去对待它的。

无论你的工作多么卑微，都要付之以热忱，当你有了十二分的热忱，你就可以从平庸卑微的环境之中走出来，也不会感觉自己有多么劳碌辛苦，那么厌恶的感觉自然而然也就烟消云散了。

曾有一个刚刚毕业的大学生抱怨自己所学的专业，这时，他的一个朋友就试着向他提出了这样的问题：如果你所学的专业与个人的志趣南辕北辙，那么，当初为什么会选择它呢？如果已经为你的专业付出了四年的时光甚至更多的时间，这说明你对自己专业虽然谈不上热爱，但至少可以忍受。所有的抱怨不过是逃避责任的借口，无论对自己还是社会都是不负责任的。亨利·凯撒——一个真正成功的人，不仅仅是由于冠以其名字的公司拥有 10 亿美元以上的资产，更由于他的慷慨和仁慈，使许多哑巴会说话，使许多跛者过上了正常人的生活，使穷人以低廉的费用得到了医疗保障……所有这一切都是由亨利的母亲在他的心田里所播下的种子所生长出来的。

玛丽·凯撒给她的儿子亨利无价的礼物——教会他怎样应用人生最伟大的价值。玛丽在工作一天之后，总是要花一段时间做义务保姆工作，帮助不幸的人们。她常常对儿子这样说：“亨利，不工作就不可能完成任何一件事情。我没有什么可留给你的，只有一份无价的礼物：工作的欢乐。”

亨利说：“我的母亲最先教给我对人的热爱和为他人服务的重要性。她常常说，热爱人和为人服务是人生中最有价值的事。”

假如你掌握了这样一条积极的法则，如果你将个人兴趣和自己的工作结合在一起，那么，你的工作将不会显得更加辛苦和单调。兴趣将会使你的整个身体都充满阳光活力。

工作不仅仅是为了满足生存上的需要，当然它也是实现个人人生价值上的需要，一个人总不能无所事事的终老一生，应当试着将自己的爱好与所从事的工作结合起来，无论做什么，都要乐在其中，而且还要真心的热爱自己所做的工作。

罗斯·金说过这样一句话："只有通过不断工作，才能保证精神上的健康；在工作中进行思考，工作才是件快乐的事。显然两者是密不可分的。"

工作就是付出努力以达到人们想要的目的。最令人满意的工作就是能使人们的工作导向人们认为能表现自己的才能和性格方面上的努力。一个人对工作所持的态度，和他本人的性情、做事的才能显然有着密切的关系。要看一个人能否达成自己成功的心愿，只要看他工作时的精神和态度就可以了。如果某人做事的时候，感到受了束缚，感到所做的工作劳碌辛苦，没有任何趣味可谈，那么他是决不会做出一番成就来的。

不管做什么事，必须竭尽全力，这种精神能够决定一个人日后事业上的成功与失败。一个人在工作时，假如以生生不息的精神、火焰般的热忱，充分地发挥自己的特长，那么不论所做的工作如何，都不会感觉到劳苦。如果能以充分的热忱去做最平凡的工作，也能成为最精巧的人；如果以冷淡的态度去做最高尚的工作，也不过是个平庸的工匠。倘若能处处以主动、努力的精神来工作，那么即使在最平庸的职业中，也能增加其威望和财富。

## 明确的目标

父亲带着三个儿子到草原上猎杀野兔。在到达目的地、一切准备得当、开始行动之前，父亲向三个儿子提出了一个问题：

"你看到了什么呢?"

老大回答道："我看到了我们手里的猎枪、在草原上奔跑的野兔、还有一望无际的草原。"

父亲摇摇头说："不对。"

老二的回答是："我看到了爸爸、大哥、弟弟、猎枪、野兔，还有茫茫无际的草原。"

父亲又摇摇头说："不对。"

而老三的回答只有一句话："我只看到了野兔。"

这时父亲才说："你答对了。"

有了明确的目标，才会为行动指出正确的方向，才会在实现目标的道路上少走弯路。事实上，漫无目标，或目标过多，都会阻碍人们前进，要实现自己的心中所想，如果不切实际，最终可能是一事无成。

### 从设定目标开始

比塞尔是西撒哈拉沙漠中的一颗明珠，每年有数以万计的旅游者来

到这儿。可是在肯·莱文发现它之前，这里还是一个封闭而落后的地方。这儿的人没有一个走出过大漠，据说不是他们不愿离开这块贫瘠的土地，而是尝试过很多次都没有走出去。

肯·莱文当然不相信这种说法。他用手语向这儿的人问原因，结果每个人的回答都一样：从这儿无论向哪个方向走，最后都还是转回出发的地方。为了证实这种说法，他做了一次试验，从比塞尔村向北走，结果三天半就走了出来。

比塞尔人为什么走不出来呢？肯·莱文非常纳闷，最后他只得雇一个比塞尔人，让他带路，看看到底是为什么？他们带了半个月的水，牵了两峰骆驼，肯·莱文收起指南针等现代设备，只拄一根木棍跟在后面。

10 天过去了，他们走了大约 800 英里的路程，第十一天的早晨，他们果然又回到了比塞尔。这一次肯·莱文终于明白了，比塞尔人之所以走不出大漠，是因为他们根本就不认识北斗星。

在一望无际的沙漠里，一个人如果凭着感觉往前走，他会走出许多大小不一的圆圈，最后的足迹十有八九是一把卷尺的形状。比塞尔村处在浩瀚的沙漠中间，方圆上千里没有一点参照物，若不认识北斗星又没有指南针，想走出沙漠，确实是不可能的。

肯·莱文在离开比塞尔时，带了一位叫阿古特尔的青年，就是上次和他合作的人。他告诉这位汉子，只要你白天休息，夜晚朝着北面那颗星走，就能走出沙漠。阿古特尔照着去做，3 天之后果然来到了大漠的边缘。阿古特尔因此成为比塞尔的开拓者，他的铜像被竖在小城的中央。铜像的底座上刻着一行字：新生活是从选定方向开始的。

所以说，真正的人生之旅，是从设定目标的那一天开始的，以前的日子，只不过是在绕圈子而已。

先设定好了你的目标，再去实现你的目标。

自己的事情自己做。你自己的木材要自己砍，你自己的水要你自己来挑，你生命中的主要目标由你自己来塑造，把目标变为现实是你自己的事情。

安东尼·罗宾认为，人生伟业的建立，不在于能知，而在于能行。于无穷处全力以赴，你会发现眼目所及之处仍有无穷天地。

行动是件了不起的事。只要一个人行为正，他就会越来越喜欢去行动。

因此，想要做一个进取的人吗？先从行动进取开始。

詹姆·威廉斯也说，一个人的态度受到他行为的影响："与其兴之所至才击节高歌，不如先引吭高歌带动心情。"上面所举的例子都有相同的意义，行动能带来回馈和成就感，也能带来喜悦。忙着做一件事，是建设性的行为，是在潜心工作时所得到的自我满足和快乐等其他方法不可取代的。这么说来，如果你寻求快乐，如果你想发挥潜能，就必须快点积极地去做，努力地去完成它。

每天都有几千人把自己辛苦得来的新构想取消或埋葬掉，因为他们不敢执行。过了一段时间以后，这些构想又会回来折磨他们。

因此，请记住下面两种方法：

1. 切实执行你的创意，以便发挥它的价值，不管创意有多好，除非真正身体力行，否则永远没有收获。

2. 实行时心理要平静。“我当时真应该那么做却没有那么做”这是天下最可悲的一句话。几乎经常听到会有人说：“如果我当年就开始那笔生意，早就发财了！”或“我早就料到了，我好后悔当时没有做！”一个好创意如果胎死腹中，真的会叫人叹息不已，永远不能忘怀。如果真的做到了，那你也就会有无限的满足。

你现在已经想到一个好创意了吗？如果有，现在就行动。

古今中外，只要是有成就的人，很注意把精力用在一个目标上，专心致志，集中突破，这是他们成功的最佳方案。历史上不少人被埋没，除了社会原因之外，没有找到他们为之献身的具体事业目标，东一榔头，西一棒槌，今日点瓜，明日种豆，不能不是一个重要原因。

曾经有人问牛顿怎样发现了“万有引力定律”，他回答说：“我一直在想着这件事。”成功者们始终将目光集中在他们的目标上，他们常常在向目标奋进的过程中运用想象提醒自己目标所在。

布鲁斯·詹纳是奥林匹克运动会十项全能金牌获得者，他甚至用运动器械装备了整个寓所，以便每天提醒他去实现自己的目标。他将十项全能每个项目的器械放在他不训练时也不得不看到的地方，跨高栏是他最差的一项，他就将一个栏放在起居室的正中央，每天必须跨越30次；他的制门器是个铅球；杠铃就放在室外廊檐下；撑杆跳用的杆子和标枪在沙发后竖立着；壁橱里放着他的运动制服、棉织套服和跑鞋。布鲁斯说这种不寻常的陈设在他准备奥运会夺冠的过程中，帮助他改善了他的竞技状态。

为了更好、更快地去实现你的目标，你也要学会时刻提醒自己。比如，将你确定的目标和实施计划写在便笺上或是记事本上，并将它们有计划地放置在你的家中和办公室里，使你能够常常看到它们；或者将你对自己目标和实现计划的陈述录在磁带上，在你开车、做杂务、休息或思考时播放它们；将你的实施计划编辑在你的电脑保护屏上；或者，将

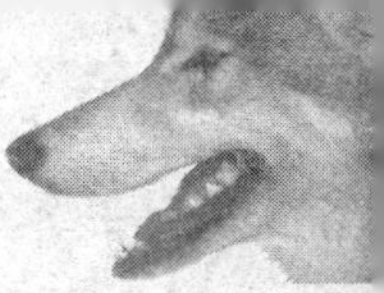

你需首要实施的计划输入电脑，并用装饰纸打印出来，然后将这些纸悬挂在办公室、卧室的镜子上，甚至是冰箱上。这样，你的目标和计划就常常显现在你的眼前，帮助你始终将注意力放在这些最重要的事情上面。

实现任何目标唯一的聪明做法就是按部就班做下去。

例如股神巴菲特的目标制胜法。

巴菲特在小的时候，就有赚钱的天才头脑。他 11 岁时，曾劝姐姐以每股 38 美元买了 300 股城市服务公司的股票。后来这支股票跌到了每股 7 美元。于是，姐姐便经常责怪巴菲特。后来股票慢慢回升到 40 美元，巴菲特赶快卖掉姐姐的股票，但是这家公司的股票紧接着就上涨到每股 200 美元。从这件事上，巴菲特获得了他终身遵守的两条准则：

第一，设立目标必须通过严谨地思考和精密地计算；

第二，目标设立后，绝不轻易放弃和改变，尤其是核心目标。

巴菲特在做新的目标确认前，对将达成目标的可能性都有非常精确地估计，有了绝对获胜的把握，他才会进行实施。1993 年，巴菲特购买了一家家具公司。这家公司的创办人是一位俄国移民，从未受过正式教育。巴菲特见到她的时候，她已经是 90 岁的高龄了，但她仍精力充沛地每天上班，坐在打高尔夫球用的三轮车上在公司来回奔波。

当时，巴菲特到她店里问她愿不愿意把家具公司卖给他，她当即开价 6000 万美元。巴菲特没有还价，径直回到办公室开了一张 6000 万美元的支票给她。这位老太太问他怎么没有请律师和会计师，巴菲特说自己相信她。在清点存货时，老太太才发现家具公司值 8560 万美元。不过一言既出，她也不愿毁约，只是非常吃惊，因为巴菲特当时似乎想都没有多想一下。原来他早已认准这家家具公司值多少钱了。

认定了目标，一定要精力充沛地勇往直前。保持着船到桥头自然直的心态的人，则精神散漫，容易改变想法。有所成就的人并不是靠头脑敏锐、才华横溢，关键取决于他有明确的目标、积极的进取精神和必胜的信念。而孕育这种精神和信念的源泉，正是远大的目标志向，只有这样才能达到你的最终目标。

**最终目标**

狼具有了心态的追求和热忱，接下来就是怎么样追求了。

完成它自己的“目标”这是狼的作风，狼性的追求。杰克·伦敦在《热爱生命》中描绘出了一个人终于靠自己的坚强挽回了自己生命的故事，但当你为主人公的命运而担忧的时候，你一定会佩服那几只狼的坚韧，为了它们的目标，它们坚强地追了下去，不屈不挠，虽然是失败者，但它们并没有向失败低头，充分“展示”了它们狼性的作风。

在你遇到问题的时候，心里就打定主意，无论遇到什么困难，你的目标就是解决问题。人们在解决问题的时候，是要讲方法和策略。当你想方设法去解决一个困难而复杂的问题时，如果同时盯着许多需求，就容易丧失目标。当你感到完全被它包围时，就应该后退一步，琢磨琢磨你正在努力完成的内容。问问自己，现在干的事情与目标吻合得如何？它是否引导团队向目标进军？回答要是否定的，那就是浪费。这个问题其实也是不可以被忽视的。

要在适当的时间自己想想，你做的事情是不是和你要解决的问题一致。即完成你的终极目标是最为重要的。那么什么是终极目标呢？举个简单的例子，你想买东西，然后你去商店里买回了家，这就是你的终极目标。

一个人如果看不到人生的最终目标，不知道怎样生活才有意义，或者看不出通过奋斗和时间的推移能有一个更好的梦想，都会导致短视的行为。

确定了你的终极目标，就是要你清楚你自己的目的，然后高瞻远瞩，对你的目标发展有个预见和认识的深度，让自己每走一步都清楚自己的位置，而不会有所偏离。完成你的目标，高瞻远瞩是很重要的，目光短浅的人，是不可能到达他的终极目标的。

**猴子和栗子的故事**

宋国有个老人，在家里养了一群猴子，人称“狙公”（“狙”，就是一种猴子）。这位狙公每日与猴为伴，像老爷爷和小孙子们似的，倒也颇有乐趣。这有点儿类似于时下流行的养“宠物”之风。可是养宠物是需要经济基础的，虽然那群猴子的要求并不高，就爱吃个栗子什么的，可那么一大群猴子每天消耗的栗子也不在少数。狙公本来并不富裕，久而久之，供应就感到困难。狙公想限制猴子们吃栗子的数量，又怕猴子们不高兴，于是就想出了一个办法。

一天早上，狙公对猴子们说：“以后，你们吃的栗子由我公平分发，一律早上三颗，晚上四颗。好不好？”猴子们听了，个个嫌少，又跳又闹都不干。于是狙公就又笑着说：“别吵别吵！那就这样吧，一律早上四颗，晚上三颗，怎么样？”猴子们这下就高兴了，大家都表示满意。

这个故事就叫做“狙公赋芧”。成语“朝三暮四”也是由此而来。“朝三暮四”“朝四暮三”，是狙公愚弄猴子们而耍的手段。两者只不过说法不同，实质完全一样，但狙公是在早上宣布这项规定，猴子们只顾眼前多得一颗栗子，就欢迎“朝四暮三”而反对“朝三暮四”，由此说明猴子们目光短浅。

猴子目光短浅，看到的也只是眼前部分。

## 专注目标

也许你会经常会看到这样一个镜头：一头狼悄无声息的挨近一群低头吃草的羚羊，警觉的羚羊发现了草丛后的危险，拔腿就跑，几乎同时狼也如出膛的子弹射向羊群……

羚羊们在拼命奔跑，而狼不断地超过身边的羚羊继续往前跑，以至于有的羚羊放慢了速度甚至停了下来。几秒钟后才看到一头小羚羊被狼一口咬住脖子，奄奄一息的情景。

原来在开始追捕的时候，狼就认准了这只小羚羊，放过无数看起来近在咫尺的其他羚羊，直到追上猎物。在数百万年生与死的较量中，狼已经熟稔此道：锁定一只羚羊，拼命追捕直到追到，否则就会饿死。当你看到后，一定十分疑惑：为什么那只狼不去捕捉那些站在旁边的羚羊，非要盯上那只小羚羊，直到把它捕获为止呢？但是，经过细细品味后，你就会明白其中的寓意，它告诉人们：“只有确定了目标，然后锁定目标，奋力冲刺、努力拼搏，才会实现这个目标！”

伟大的诗人、剧作家莎士比亚曾经说过：首先注意使志向明智而正当，既经确定之后，便应断然地追求不辍，莫因一次挫败而放弃了原先决定的目标。这句话是多么现实啊！它告诉人们做每一件事都要先确立好自己的目标，当然这些目标都是指好的、高尚的理想，然后再向着这个目标不断奋进。与此同时，这句话也时刻告诫人们，不要因为一次小小的失败而放弃原先自己定的目标，人的一生不可能太顺当，人生道路上的磕磕碰碰就好比逆水行舟，只要把舵掌好，就可以在惊涛骇浪中乘风破浪。

著名银行家克拉斯年轻时也在不断地变动工作，但是他始终抱有一种理想——想管理一家大银行。他曾经做过交易所的职员、木料公司的统计员、簿记员、收账员、折扣计算员、簿记主任、出纳员、收银员等，试了一样又一样，最后才接近自己的目标。

他说：“一个人可以有几条不同路径达到自己的目的地。如果能在一个机构里学到自己所需的一切学识和经验当然很好，但大多数情况下需要经常变化自己的工作环境。面对这种情况，我认为他必须懂得自己想做什么，为什么要这样做。”

“如果我换工作仅仅是为了每周多赚几块钱，恐怕我的将来早为现在而牺牲了……我之所以换工作，完全是因为现在的公司和老板无法再给我带来更多的教益了。”

锁定一个目标后，要紧追不舍，这也是所谓的持之以恒。的确，真正地做好一件事情，离不开持之以恒的精神，不管你处于哪一个领域，如果已经定下了工作目标，就要持之以恒、坚持到底。半途而废者，只能浪费自己的青春和金钱。

有这样一幅漫画：一青年挖井找水，挖了四五个深浅不一的坑，没有出水，正要挖新的“井”。画面下部的文字反映了他的心思：这下面没有水，再换个地方挖。而事实并非如此，那些“井”再深挖一些，就到了丰富的水源了。

这幅画让人们深思：青年找不到水，是因为他不肯在一个地方持之以恒地挖下去，结果白费了气力。它告诉人们一个哲理：要想找到成功之源，除了肯花力气外，还要目标专一，持之以恒，坚持不懈，浅尝辄止者是不会成功的。在职场中，也正需要这种持之以恒。在确定自己的目标后，就要紧追不放，直至成功。

在学习上、工作中，不管你是否犯过浅尝辄止的错误，只要你现在安下心来，认定一个正确的目标，专一而不懈地努力，你就一定会获得成功。科学路上无捷径，专一不懈见成功。

这正如一句俗语：罗马不是一天建成的，还有量变引起质变，都与持之以恒的道理有关。只要一天天用心去做，总有一天会成功的。人生需要目标，成功需要目标，锁定目标，全力以赴，成功不会遥远。只有那些永不停止前进，朝着目标持之以恒奋进的人，才能达到常人达不到的高度。

威廉·皮特是锁定目标意志坚定的杰出典范。当他还是一个孩子时，就被教导只有成就一番赫赫伟业，才不会辜负他父亲的期望。这是他所受一切教导的主旨。无论他身在何处，无论他做些什么，不管是在上学、工作还是娱乐，他从未忘记过父母赋予他的这一神圣职责——他应该出人头地，应该成为一个公正、睿智、有影响力的政治家。这个观念在他身体的每一个细胞中生根发芽，并鼓励着他锲而不舍、坚忍不拔地朝着这个明确的目标前进。22 岁那年，他就进入了国会；在 23 岁时，他就当上了财政大臣；而到 25 岁时，他已经成了英国首相。

皮特的一个对手曾经这样评价他：“这个人既不会冒进也不会退缩，他一直都在飞翔。”

开始，没有谁能真正看清希望企及的目标，就像马拉松比赛一样，即便是起跑以后，他所见的也只是前面不远的道路。他不是靠高挂在天

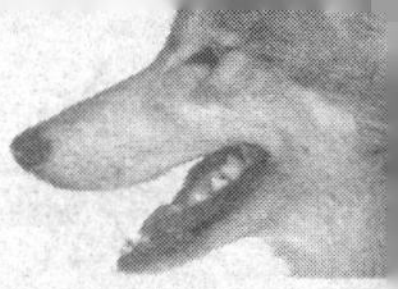

空的星星引路，而是靠手上的火炬照亮脚下的路，这样可以使他信心百倍，毫不畏惧，一直跑下去。尽管远方的路笼罩在暮霭之中，但永不熄灭的火炬会让他看清眼前的路。

**每次只专注于一个目标**

狼在每次进攻前，只会专注于一个目标，因为它知道，每次只专注于一个目标比专注几个目标要更容易成功。

专注的可贵之处，首先就是：能够在自知的基础上，对自己的理想进行客观调整，慎重选择，大胆取舍，明确最适合的努力方向和制定最切实的目标。

许多人之所以没有那么大的成功，就是因为不专注。其实分散精力是世界上最大的浪费。

成大器者的基本素质，就是对事业充满热爱，对工作十分专注。只有深深的迷恋和高度的专注才能让一个人坚持自己的道路，并创造出前所未有的成就。除了机会和运气之外，天才、智慧和态度是成功的关键因素。但是，没有一个明确的目标，就不能保证成功。那些取得辉煌成就的人都有一个共同特征，即目标明确、不屈不挠、坚持到底、不达目的绝不罢休。

很多人每天都在做自己并不热爱的工作，没有勇气解脱，自叹时运不济，等待着适当的机会，宝贵的岁月和激情就这么被消磨掉了。对大多数人来说，精力正在白白地消耗，如同小水坝的裂缝里流失的水一样。注意力不集中，对琐事过于关心以及焦虑和猜疑等消极情绪都在消耗人们的精力。要学会把精力集中到关键事物上，就像让水坝里的水流集中到水轮机上成为动力一样，不能让它白白消耗。一个人在年轻时没有学会集中精力，就很难在任何事情上取得显著的成功。当一个人试图在同一时间去做过多的事情时，他对精力的浪费令人可惜。

古训说得好："欲多则心散，心散则志衰，志衰则思不达"。世界上最大的浪费，就是把宝贵的精力无谓地分散在许多事情上。

时间最能考验人的意志，困难最能磨炼人的意志。执着似乎与顺境无关，但在人生和事业的追求过程中，寂寞在所难免，困难和挫折在所难免，面对这一切，坚守和执着进取的意义就会非常突出。

许多大事之成，不在于力量大小，而在于坚持多久。正如贝多芬所言："涓滴之水终可磨损大石，不是由于它力量最强大，而是由于昼夜不舍的滴坠。"可不是，蜗牛爬得多慢，但它永不停歇，也能爬到目的地；蚂蚁的力气不大，但它一点一点地挪动，能把比它体重大得多的食物搬回家。

专注的可贵之处，就在于：耐得住寂寞、经得起时间的考验，在困难和挫折面前始终坚持不懈，并寻求重点突破，最终铲除困难、直到成功。

目标是需要推进的。目标的建立需要推进，应当意识到，建立目标的过程最容易受到干扰的，因为这时候还没有目标，人的状态是相对比较懈怠的，因此更需要有毅力，知道怎么做才有利于尽快的确立目标，这个时候，应当排除更多的干扰，因此，需要有很大力度的推进！

凡事只要你成为专家，一切都会随之而来。只要你坚持做成一件事，今天你所放弃的，明天都会以另外一种形式得到。

一个人的精力是有限的，把精力分散在好几件事情上，不是明智的选择，而是不切实际的考虑。

专心做好一件事，就能有所收益，能突破人生困境。反之，一下想做的事情太多，反而一件事情都做不好，结果两手空空。

想成大事，不能把精力同时集中于几件事情上，只能关注其中之一。也就是说，人们不能因为从事分外的工作而分散精力。

如果大多数人集中精力专注于一项工作，他们就能把这项工作做得很好。

在对100多位在其本行业获得杰出成就的男女人士进行分析之后，卡耐基发现了这个事实：他们都具有专注于一件事情的优点。最起码在一段时期里要专注于一件事情。

中国现代的好多画家就有这方面的特点：齐白石专注于画虾，画出的虾栩栩如生；黄胄专注于画驴，画出的驴活灵活现；徐悲鸿专注于画马，画出的马呼之欲出；李苦禅专注于画鹰，画出的鹰形神兼备。

有时候，一个人自诩拥有多种技能，但由于只是蜻蜓点水，钻研不透，反而不如拥有一项专长的人受青睐。如果你专注于某一件事情，尽力地把它做到无可挑剔，那你可能比技能虽多但无专长的人更容易获得成功。

# 第五章 狼性企业

我们有我们的宗旨，我们有我们的原则，我们更有我们必须的文化内涵。这是生存所必需的，也是作为一个狼所不可或缺的。我们时刻准备着去竞争，去打倒我们的对手，去赢得整个森林、草原以及对我们有利的区域。

# 狼性员工的法则

狼的自述：

我们在这个星球上已经流浪很久了，曾经历过人类的猎捕、毒杀和陷阱——甚至用威力强大的武器从飞机或直升机上射杀。在人类繁盛之前，我们曾是这个世界上散布最广的野生动物。但是，当人类为个体的利益各自为战、尔虞我诈的时候，我们狼族中的每一只狼却从来没有忘记相互依靠。我们这个族群存继的根本——合作、行动、一致和团结。正是这种生存本能才使我们狼族在适者生存的自然界里得以繁衍重生。

身处动物世界的我们，具备一个优秀团队的所有特征，我们有明确的方向和目标，我们是群居动物中最有秩序、最有纪律的族群，在捕食行动中，我们善于交流，在捕到猎物之前，决不会打扰它，而一旦接到了进攻的信号，我们就会毫不犹豫地去执行，不管有没有危险，不管能不能成功，因为我们是一个团体，我们要想在恶劣的环境中生存，就要依靠整个团体的智慧和力量，所以，作为其中一分子的我们，就要时刻听从团体的统一命令，统一行动，绝对执行，绝对服从，所以才有了我们一次次的胜利，才有了我们不断的繁衍生息和我们狼族的发展壮大。

## 黑白分明

在是非错对之间建立一个明确的界限和标准。什么与企业的要求是一致的，什么就会被鼓励，被褒扬！什么与企业的规定是不一致的，什么就会被摒弃，被淘汰！

每一只狼都有着较强的执行能力，也有着明辨是非的能力，知道什么是狼群需要自己做的，什么是狼群不需要自己做的，每一只狼都时刻听从整个狼群的呼唤，服从狼群的命令，所以，狼群才会无比的团结，才有着极强的凝聚力，才能一次次地战胜对手。

作为企业的一名优秀员工，对于什么是企业提倡的，什么是企业反对的，也一定要黑白分明，一定要清清楚楚。黑白一旦分明，就会清楚地知道什么是自己该做的，什么是自己不该做的，从而兢兢业业做好与

企业要求一致的工作，为企业的发展做出贡献。

但是，在中国的公司中，黑白分明讲起来简单，做起来却很难。事实上有很多员工经常黑白不分明，主要是因为黑与白之间存在着对员工来说最为重要的利益冲突。

现实中，很多员工在没有利益冲突的时候，会信誓旦旦，自己愿与企业一道共同努力，共同进步，共同发展。然而，当面临利益冲突的时候，有些员工马上就会换一个面孔：我从来不相信什么价值观，我仅仅相信我可以得到什么实实在在的利益。如果这个利益受损了，所有的一切都不再是真的，从前说过的话就当没说。

作为一名员工，不要只是表面上的信誓旦旦，也不要只是嘴上说说忠心耿耿，而是要拿出自己的实际行动。在商业上没有永恒的友情，员工与老板之间也总是存着对立的一面。没有利益冲突的时候是没有原则可言的，只有在利益冲突的时候才会有原则，什么是黑的，什么是白的，到这个时候才会看得清清楚楚，明明白白。

作为一名员工，黑白分明，有明确的是非观是很重要的，要做到自己所做的事与企业的要求相一致，而不是“这山望着那山高”“身在曹营心在汉”，更不要有对立情绪。

黑白分明的员工，会做与企业利益一致的事情，摒弃企业反对的事情，表现在工作中就是忠诚、服从和敬业。

这是一个竞争的时代，谋求个人利益、自我实现对每个人来说是天经地义的。但遗憾的是很多人没有意识到个性解放、自我实现与忠诚和敬业并不是对立的，而是相辅相成的。许多员工以玩世不恭的态度对待工作，他们频繁跳槽，觉得自己工作是在出卖劳动力；他们蔑视敬业精神，嘲讽忠诚，将其视为老板盘剥、愚弄下属的手段。他们认为自己之所以要去工作，只不过是为生活所迫，是生存的需要。

谁都知道贫穷是不好的，贫苦是不值得推介的，但并非所有的老板都是贪婪者、专横者。

对于一个公司的老板来说，公司的生存和发展需要职员的敬业和服从；对于员工来说，需要的是丰厚的物质报酬和精神上的成就感。从表面上看，两者之间的需要是对立的，但是，在更高的层面，两者又是和谐统一的。公司需要忠诚，需要服从公司意志和有能力的员工业务才能进行；而员工要想发挥自己的聪明才智，实现自己的价值目标，也必须依赖公司为自己提供的业务平台。

在通常情况下，为了公司的利益，每个老板只会保留那些最佳的职员，即那些能够把“信”带给加西亚的人，那些能够服从大局，忠实地完成上司交付的任务而没有任何借口和怨言的人。同样，为了自己的利益，每个员工都应该意识到自己与公司的利益是一致的，并且每天都努力工作，敬职敬业。只有这样，才能得到老板的信任，获得自己的劳动报酬，实现自己的价值。

现在，许多公司在招聘员工时，不但强调一个人的能力，更看重一个人的品行。没有品行的人不能用，也不值得培养，因为他们没有明确的是非观，常常会做有损公司的事情，也根本不会将“信”带给加西亚。因此，如果你为一个公司工作，公司付给你薪水，那么你就应该真诚地、负责地为这个公司工作，称赞这个公司、感激这个公司，支持这个公司的立场，和这个公司代表的机构站在一起，拒绝做有损于公司利益的事情。

你可能会遇到一个心胸狭隘的上司，他不能理解你的真诚，也不珍惜你的忠心，那么你也不要因此产生抵触情绪，将自己与公司和老板对立起来。因为一旦产生对立情绪，你就会在不知不觉间做与公司要求不相符的事，就会有损于公司的利益，最后的结果也就可想而知了。最好的办法是，不要太在意老板对你的评价，因为他们也是普通人，也有着这样或那样的缺陷，也可能因为太主观而无法对你做出客观而公正的判断，这个时候你应该学会自我肯定。只要你竭尽所能，做到问心无愧，你就会不断地提高自己的工作能力，不断丰富工作经验，心胸就会变得更加开阔，心情就会变得更加开朗。

有人说，“老板是靠不住的”，这种说法也许有一定的道理，但是，这并不意味着老板和员工从本质上就是对立的，情感需要依靠理智才能保持稳定。老板和员工的关系也只有建立在一种制度上才能和谐统一。在一个管理制度健全的企业中，每一个人的升迁凭借的是个人的努力和勤奋。想摧毁一个组织的士气，最好的方式就是制造“只有玩手段才能获得晋升”的工作气氛。管理完善的公司，升迁渠道通畅，有实力的人都有公平竞争机会，只有这样，员工才会有主人翁的自豪感，才会把公司的事情当作自己的事情来做，觉得自己与公司是不可分割的一个整体，才会时时站在公司的利益和立场上做事。

员工和老板之间是一种什么样的关系，不但取决于员工的心态，也取决于老板的做法。聪明的老板会给员工公平的待遇，给员工发展的空间，而员工也会以自己的忠诚和敬业回报老板。如果你是老板，一定会希望员工能和自己一样，将公司的发展当成自己的事业，更加努力，更加勤奋，更加积极主动。因此，当你的老板和公司向你提出这样的要求时，你不要拒绝他，而是要以你的努力工作来向他表明，你是敬业的，你是努力工作的。

在这个社会中，很多人都必须在某一个社会机构中为自己的事业生涯奠基。只要你还是某一机构中的一名成员，你就应当抛开所有的借口，

投入自己的忠诚和责任心，做与企业目标相一致的事情。一荣俱荣，一损俱损！将身心彻底融入公司，尽职尽责，处处为公司着想，对投资人承担风险的勇气报以钦佩，理解管理者的压力。如果你能做到这一点，那么不管在哪一个公司，不管是哪一个老板，都会把你看作公司的栋梁，看作公司可以依靠的中坚力量。

有人曾经这样说过，一个人应该永远同时从事两件工作：一件是目前所从事的工作；另一件则是自己真正想做的工作。如果你能够将该做的工作做得和想做的工作一样认真，那么你一定会成功，因为你在为未来做准备，你正在学习一些足以超越目前职位，甚至成为老板或老板的上司的技巧。当时机成熟时，你就已经准备就绪，成功也就在向你招手了。

如果你已经熟练而精通了某一项工作，那么你也不要陶醉于一时的成就，赶快想一想未来，想一想现在所做的事有没有改进的余地。这些都能使你在未来取得更大的进步。尽管有些问题属于老板考虑的范畴，但是如果你能考虑到，说明你正朝着做老板的方向努力。

如果你是一家公司的老板，你会不会反思一下，对今天所做的工作完全满意吗？别人对你的看法也许并不重要，真正重要的是你怎么看待自己。

在回顾一天工作的时候，扪心自问："我是否付出了全部精力和智慧？我做的事是否与企业的精神相一致？"

一个把企业的事当作自己的事来做，尽职尽责完成工作的人，他会得到工作给他的最高奖赏。这样的奖赏可能不是今天、明天，甚至很长时间后才会兑现，但他一定会得到奖赏。当你养成习惯，将公司资产视为自己的资产一样爱护，你的老板和同事都会看在眼里。这样的员工，每一个老板都喜欢，每一家公司都欢迎。

不要总是抱怨你的付出与得到的肯定和获得的报酬不成比例，不要总是觉得自己的工资太低，不要总是觉得上司不赏识你。这样的情绪对你的职业发展没有帮助，它们只能是产生借口的温床。不管你从事什么工作，不管你的工资是高还是低，你都要记得提醒自己：你是在自己的公司里为自己做事，你与这个企业是一个不可分割的整体。

不要与公司有对立的情绪，而要以老板的心态对待每天的工作，对待你工作的这个公司，做与企业要求相一致的事情。忠诚、勤奋、敬业，你就会成为老板和公司喜欢的员工。

## 没有借口

完成任务是一个假象，企业不需要任务，企业需要结果。结果是可以用来交换的，是有价值的。任务是拿来对付老板的，完成任务就是做了老板交代的事，但没有达到老板想要的效果。

狼从来不会为自己的失败寻找借口，因为它们知道，胜了就会得到猎物，败了就会挨饿，甚至成为猎物的美餐。对于狼来说，要想生存，就要捕到猎物，至于用什么样的方法捉到猎物并不重要，重要的是得到猎物的结果。

在美国著名的西点军校，有一个被传诵了很久的传统，学员遇到军官问话时，只能有四种回答，“报告长官，是。”“报告长官，不是。”“报告长官，不知道。”“报告长官，没有任何借口。”除此以外，不能多说一个字。“没有任何借口”是美国西点军校200年来奉行的最重要的行为准则，是西点军校传授给每一位新生的第一个理念。它强化的是每一位学员都要想尽办法去完成每一项任务，而不是为没有完成任务去找各种各样的借口，哪怕是看似合理的借口。正是因为继承了这一理念，无数从西点军校走出来的毕业生在人生的各个领域取得了非凡的成就。千万别找借口！在现实生活中，缺少的正是这种想尽办法去完成任务的人，而不是总是为没有完成任务而寻找各种借口的人。在那些没有借口的人身上，体现出的是一种服从、诚实的态度，一种负责、敬业的精神，一种完美的执行能力。在工作中，经常能够听到的是各种各样的借口：“那个客户太挑剔了，我无法满足他。”“我可以早到的，如果不是下雨的话。”“我没有在规定的时间里把事做完，是因为……”“我之所以不会是因为我没有学过。”“我没有完成这项工作因为我没有足够的时间。”“现在是休息时间，一个小时后再打电话。”……其实，在每一个借口的背后，都隐藏着丰富的潜台词，只是人们不好意思说出来，甚至根本就不愿说出来。借口让一些人暂时逃避了困难和责任，获得了某些心理的慰藉。但是，却要为寻找借口付出昂贵的代价，寻找借口给人们带来的危害一点也不比其他的一些恶习少。归纳起来，人们经常听到的借口往往有以下五种表现形式。

1. “他们在做决定的时候根本就没有征求过我的意见，所以这件事情不应当由我来承担责任。”许多借口总是把“不”、“不是”、“没有”与“我”紧密联系在一起，其潜台词就是这事与我无关，不愿承担责任，把本应由自己承担的责任推卸给别人。一个团队中，是不应该有“我”与“别人”的区别的，因为是无数个“我”组成了这个团队。一个没有责任感的员工，不可能得到同事的信任和支持，也不可能获得上司的信任和重用。如果每个人都在为自己的不负责任寻找借口，就会在无形中提高一个团队的沟通成本，从而削弱团队协调作战的能力，降低团队的“战斗力”。

2. “这几个星期我一直很忙，这件事我会尽快去做的。”找借口的一个最直接后果就是很容易让一个人养成做事拖延的坏习惯。如果细心观察，很容易就会发现，在每个公司都存在着这样的员工：他们每天看起来忙忙碌碌，似乎是在尽职尽责地工作，但是，他们把本应一个小时完成的工作变得需要三个小时甚至半天的时间才能完成。因为工作对于他们而言，只是一个接一个的任务，他们寻找各种各样的借口，拖延逃避。这样的员工，每一个管理者都会感到很头痛，当然也不会喜欢。

3. “这样的事情我们以前没有这样做过或这不符合我们公司的做事方式和做事原则。”寻找借口的人都是因循守旧，不思变革的人，他们缺乏一种创新精神和自动自发工作的能力。因此，如果想指望他们在工作中做出创造性的成绩，那只能是徒劳的设想。因为借口会让他们躺在以前的经验、规则和思维上睡大觉，会让他们不思进取，安于现状。

4. “我从没受过适当的培训来做这项工作。”这样的说辞其实是为自己的能力或经验不足而造成的失误寻找借口。这种做法显然是非常不明智的。借口只能让人逃避一时，却不可能永远逃避，更不可能一生都如意。没有谁天生能力非凡，没有谁天生任何事都会做，关键是对待事情的态度。只有以正确的态度去正视现实，以一种积极的态度去努力学习，才会不断进步，增强各种能力。

5. “我们从没想过要赶上竞争对手，因为与对手相比，我们落后对手很多，根本没法去追。”当人们为不思进取寻找借口时，往往会这样表白。借口给人带来的严重危害是让人消极颓废，如果养成了寻找借口的习惯，当遇到困难和挫折时，不是积极地去想办法解决，而是去找各种各样的借口。其潜台词就是“我不行”“我不可能”，这种消极心态剥夺了一个人成功的机会，最终，这个人只能碌碌无为。

优秀的员工从不在工作中寻找任何借口，他们总是把每一项工作尽力做到超出客户的预期，最大限度地满足客户提出的要求，而不是寻找各种借口推诿；他们总是出色地完成上级安排的任务，替上级解决问题；他们总是尽全力配合同事的工作，对同事提出的帮助和要求，从不找任何借口推脱或延迟。是的，千万别找任何借口！美国成功学家格兰特纳说过这样一句话：如果你有自己系鞋带的能力，你就有上天摘星的机会！改变对借口的态度，把寻找借口的时间和精力用到努力工作中来。因为工作中没有借口，失败没有借口，企业要的是结果，而不是你的借口；企业要的是能办事的人，而不是总找借口的人！

在狼这个团队中，每一只狼都不会为自己找借口，输了就是输了，它会总结经验，争取下一次的成功，因为它知道，事情做不好找借口是没有用的，如果找借口，丢的只能是自己的命。自然界的竞争是残酷的，是没有借口的，生存的本领是在无数次的凶险中逐步磨炼出来的，它时刻都记得，只有捕到猎物，自己才能生存。

而作为一名员工，你的工作也是没有借口的，你也要记住，这是你的工作！

因为既然你选择了这个职业，选择了这个岗位，选择了这个工作，你就必须接受它的全部，而不是仅仅只享受它给你带来的益处和快乐。就算是困难和挫折，那也是这个工作的一部分。如果一个清洁工人忍受不了垃圾的气味，他有可能成为一个合格的清洁工吗？答案当然是否定的。

美国独立企业联盟主席杰克·法里斯在年少时曾有过这样一段经历。

在杰克·法里斯 13 岁的时候，他开始在父母的加油站工作。那个加油站里有三个加油泵、两条修车地沟和一间打蜡房。法里斯想学修车，但是他的父亲却让他先在前台负责接待顾客的工作。

每当有汽车开进加油站，法里斯必须在车子停稳前就站到司机门前，然后忙着去检查油量、蓄电池、传动带、胶皮管和水箱。法里斯注意到，如果他干得好的话，顾客大多还会再一次光临。于是，法里斯总是会尽可能地多做一些事情，比如帮助顾客擦去车身、挡风玻璃和车灯上的灰尘和污渍。

有一段时间，一位老太太每周都会开着她的车来清洗和打蜡。这个车的车内地板凹陷极深，打扫起来很麻烦。而且，这位老太太很难相处，每次当法里斯把她的车清洗好后，她都要再仔细检查一遍，还一再让法里斯重新打扫，直到清除掉每一缕棉绒和灰尘，她才会满意。

几次这样的事情之后，小小的法里斯终于忍受不了了，他不愿意再侍候她了，于是他就告诉了父亲。法里斯没有想到，父亲却对他说："孩子，记住，这是你的工作！不管顾客说什么或做什么，你都要记住做好你的工作，并以应有的礼貌去对待顾客，工作是不需要借口的。"

父亲的话深深地震动了小小年纪的法里斯。后来，法里斯说道："正是在加油站的工作使我学到了严格的职业道德和应该如何对待顾客。这些东西在我以后的职业经历中起到了十分重要的作用。"

每一个员工都应该记住，这是你的工作，不要为不愿工作或做不好工作而找任何借口，因为公司要的是你工作的结果，不是借口。

对于那些喜欢在工作中推三阻四，满腹牢骚，寻找种种借口为自己开脱的人；对于那些不能最大限度地满足顾客的要求，不想尽力超出客户预期提供服务的人；对于那些没有激情，总是推卸责任，不知道自我批判的人；对于那些不能出色地完成上级交付的任务，不能按期做完自己本职工作的人；对于那些总是挑三拣四，对自己的公司、老板、工作、报酬总是不满意的人，最好的救治良药就是：端正他的坐姿，然后面对他，大声而坚定地对他说：记住，这是你的工作，工作只要结果，工作没有借口！

狼性企业中的员工，一定要记住，这是你的工作，工作没有借口！不要忘记工作赋予你的荣誉，不要忘记你的责任，不要忘记你的使命，不要为你的失误找任何借口，不要为你做不好工作找任何借口。

在群狼捕获猎物的时候，它们总是不断地派出一只又一只的狼去进攻猎物，如果一只狼被猎物打退了，很快又有一只狼冲上去，而先前的这只狼也会在短暂的休息之后，又一次扑向猎物，直至最后捕获猎物者被猎物打退，自始至终，它们中的每一只狼不会为失败找任何借口，它们只知道要捕获猎物才能生存。

所以，作为一名员工，企业要看到的是结果，而不是过程，也不是借口。你只需要把你工作的结果拿给你的上司看，而不要去找借口。

**百分百执行**

凡是公司决定好的，就要坚决执行，我们只发出一种声音。

执行能力就是生存能力，一旦一个行为已经决定了，就要百分百地执行到底。

即使决定是错的，也必须执行。如果每一个人都发出不同的声音，这是对顾客最大的伤害。

狼群在围攻猎物的时候，有着极为明确的分工，每一只狼守在什么位置，每一只狼的任务是什么，都是事先安排好的。当进攻的命令发出时，每一只狼只需要毫不迟疑地冲上前去做自己该做的事，至于命令是否正确，结果是胜还是败，它都不会考虑，它只知道百分百地执行头狼发出的命令。

李先生是某公司的一名经理，在工作中他认识到，管理不严，执行能力差，是公司的弱项。他觉得作为一名经理，应是上级的职务代理人，也就是上级的代表，自己职责范围内的言行都是一种职业行为，也就是代表上级和公司。在工作当中，作为经理，应该站在公司的角度看问题，而不能只站在你本部门的利益上或局部利益上看问题，否则就失去了经理的意义。很重要的一点就是要坚决执行公司做出的各项决定，即使对公司的决定有看法，公司一旦决定，都要首先坚决地去执行，不能打折扣，更不能按自己的意愿去改变，或者变通执行。这都是违背经理的职业道德的。在现实工作当中，执行力差，管理不严格的问题确实是很普遍的问题。一是反映在上级政策的执行上，二是反映在本部门各项制度及方案的执行上，尤为突出。

正因为李先生意识到了这些问题，也认识到了执行能力在工作当中的重要性，因此，他在工作中就很注意执行。只要是公司做出的决定，他都会无条件地去执行，而不是像别的部门经理那样有各种各样的疑问，发各种各样的牢骚，执行过程中拖拖拉拉，不按公司的要求去做。

结果，在年终的业绩总结大会上，李先生所在的部门业绩是最好的，而李先生及他的团队自然也得到了公司的表扬。

虽然李先生也知道，公司有时候做出的某些决定也并非百分之百正确，但作为一名执行者，不管这个决定是否正确，都要百分百地去执行，这样做是为了公司的整体运营考虑，是为了保证公司的各项策略执行到位。

老板不一定是对的，但员工必须坚决执行。

在工作当中，每个人都经常会遇到与老板观点相左的时候，面对这样的情况该怎么办呢？理性的做法是：积极地、坚决地去执行。也许很多人会对这种做法持否定态度，那么，不妨以客观的心态来想一想下面的问题和事实，也许就会有另一种想法。

谁最了解企业的资源状况？当然是老板，只有老板才最了解自己的企业，而企业的一切运营行为都必须以现有资源为基点。曾经，一个销售经理发现了一种有着很大潜力的市场需求，需要开发一种新产品来抢先占领这个市场。于是，他满怀热情地奋斗了一个月，撰写了一份《新产品开发可行性报告》，但是，提交给老板后却被搁置了。虽然公司肯定了他的工作表现，也给了他物质奖励，但是他并没有得到满足，因为他认为开发、生产这种新产品的难度并不大，公司不应该放弃这样的市场机会。事实上，虽然开发这种新产品的投入不太大、难度也不太大，但是要保证产品品质稳定却需要用很长的时间来培养一批技术工人，并需要重新调整原材料库存和公司整个的产品结构，并且，那个时候公司是正处在需要通过稳定发展来改善内部基础建设的时期。所以，那个销售经理本身并没有错，只是他的提议不适合当时的企业状况。在这种情况下，只有老板才最有发言权，并且老板的决定是从公司的全局出发的。所以，当遇到这种情况时，员工必须用积极的心态，坚决地执行公司做出的决定，不要抱怨。

谁最能维护企业的利益？毫无疑问，肯定是老板。销售人员总是感觉竞争对手的广告宣传力度比自己公司的大，竞争对手的价格比自己的产品更便宜，为了增加销量，销售人员总是期望公司多投入广告，降低产品的价格。事实上，企业必须达到一定的赢利指标，才能维持健康的资金链循环，企业的运营才会持续稳定，其他的利益才有可能实现。所以，如果你是一名销售人员，如果你正面临这样的情况，你也必须用积极的心态，坚决地去执行公司做出的决定，而不要总是想着自己觉得公司应该怎么做。

谁的策略最正确？当然，最有可能的是老板。因为老板一步步从创业走到今天，是经过了商场的考验的，他已经具备了成功的素质，所以，他对的可能性远远大于员工。真正的机遇和挑战也只有少数人能发现。1984 年，张瑞敏召开全体员工大会时，当场砸碎了 74 台不合格的冰箱。当时，很多员工都不能理解张瑞敏的这种做法，认为把几十万的冰箱变成废品太浪费了，虽然质量不太合格但也能用，如果便宜一点卖掉或是当成福利发给员工，岂不是一件好事。事实证明，张瑞敏是对的，如果当初没有他的英明果断，可能海尔早已被市场淘汰了。2000 年，正当海尔高速发展，成为行业典范的时候，张瑞敏又一次造了自己的反——对全公司进行“业务流程再造”。当时，有很多人不理解，但如果没有这一次的改造，海尔又怎能再一次实现飞跃？往往当时认为不对的东西，也许几年后会发现它是那么的正确。所以，当你还不理解的时候，当你还看不到长远的事情时，你要用积极的心态，坚决地执行公司做出的决定，不要心存疑义。

其实，很多情况下，有些策略是无所谓绝对正确或者绝对错误的，只是所走的路不同而已。很多看似失败的策略，实际上是因为没有得到很好的执行才失败的。企业最大的浪费是由于观点和利益的冲突而形成的“内耗”。人总是习惯性地相信自己而轻视他人，学理科的轻视学文科的，学文科的轻视学理科的，市场部的轻视技术部的，技术部的轻视市场部的……每个人都轻视别人，企业的内耗就会增多。内耗多了，就不会顾全大局；不能顾全大局，就学不会妥协；不会妥协，就会扯皮和阳奉阴违——企业就在这样的内耗中完蛋了。所以，企业的决策是需要老板来做的，一旦做出了决定，作为一名员工，你认同也好，反对也罢，你只需要用积极的心态，坚决地，百分百地执行公司做出的决定就可以了。

其实，对于老板来说，他需要的是员工提供的信息，而不是为他做出各种各样的决策。你给老板提供的信息越清晰、准确和充分，老板产生错误决策的几率就越小。如果你根本提供不了这样的信息，你又怎能证明你是对的、老板是错的呢？如果你也无法判断谁对谁错，谁是谁非，那就更需要用积极的心态，坚决地、百分百地执行公司做出的决定。

当然，老板也是一个普通人，是人就会有犯错误的时候，但你也必须用积极的心态、坚决地执行公司的决定，因为有能力承担决策风险和结果的人是老板，而不是你。但是，你有义务在讨论时充分论证你的看法，力争改变老板错误的观念，避免老板做出错误的决策。如果你没有办法说服老板，你就要坚决地执行，并在执行过程中，及时地、不断地反馈真实的执行情况，为老板修正决策提供正确的依据，减少企业的损失。

狼会百分百地执行狼群发出的命令，虽然有时会有生命危险，但只要命令一下，它还是不顾一切地去执行，因为它明白，它的生存靠的是团队这个整体，所以它只有百分百地执行狼群的命令，它的生存才有保障。

作为一名员工，处在企业这个大团队中，对于老板和公司的任何决定，只有百分百地执行，才能保证整个团队的整体执行能力，自己的利益也才会得到保障。

**敬畏客户**

客户是用来被感动的，不是用来被搞定的。

只有给客户提供有价值的东西，才能获得客户忠诚。

客户是衣食父母，对待客户只能用心，不能用花招。

狼清楚地知道，要想获得猎物，就要敬畏猎物，就要有耐心地去等待，如果在等待的过程中打扰了猎物，那结果只能是饿肚子，甚至是被猎物捕捉。

在2003年7月的某一天，国内一家知名的IT公司人力资源部颁布了一份文件《关于对……通报批评的信息通报》，1名前台接待人员被劝退，其他直接和间接相关人员也受到了通报批评、扣罚工资或口头批评。

这件事情的原因其实很简单，就是因为这些员工没有对客户体现出应有的尊重，心中没有客户、没有“客户第一”的意识；就是因为丢了公司的脸、没有对来访客人体现出应有的礼仪，没有展示出该公司人应有的良好素养和文明举动。

后来，这家公司的总经理专门为此写了一篇文章：《从前台××被辞退说起》。在这篇文章中，这位经理这样表述了他的看法：

作为公司的一员，每个人都应该知道，是谁给了我们饭碗？客户！所以我们说客户第一；客户是我们的上帝，所以我们需要以虔诚的心、敬畏的心、谦卑的心，心甘情愿地对待客户、服务客户。而现在，有人不尊重我们的客户：客户来了，屁股动都不动一下；客户来了，还再三问“是不是预约过？为何事先没有预约”；客户要走了，连一句客气话都没有，连最基本的“再见”都不会说，既没有挽留客户吃顿晚饭，也没有问问客户在这个城市是怎么安排的，有没有需要我们帮忙的地方，有没有事先预定好宾馆。人家是千里之外的客人，是我们的客户，大老远地跑到我们公司来，可我们是怎么做的，客户看到的是什么，看到的是我们公司接待人员的不懂礼仪、薄情。客户内心对我们公司会怎么想，这还用问吗？

作为公司的一名员工，既然不尊重我们客户，砸我们饭碗，那么对不起，我们也要砸掉她的饭碗，让她离职走人。

这件事，反映出来的不只是一个“不尊重客户”的问题，还有许多值得人们思考的地方，要从中吸取更多的教训。不妨再来看看整个事件的发生过程：

那天下午2时左右，某期货公司老总一行3人来到公司12楼的前台接待处，递上名片，接待他们的是保洁员王某某，而前台接待人员赵某某正在电脑前“忙着做上半年度的各种费用统计”，对这一行人的到来连看都没看一眼。

王某某接过名片后，也没怎么看，就问他们是找证券部还是期货部，客户回答说要见期货方面的负责人，她就指着楼道说在1203房，可以从楼梯上去。期间，王某某和赵某某一直没有离开座位，也没有站起身来。另外，作为前台责任人的赵某某对这一切肯定都是听得到的，也知道对方是公司的客户，但始终没有赶来接待他们，没有尽到作为一名前台接待员的职责。

不是公司编制员工的保洁员王某某承担起了客户接待任务，是谁给予她这个权力和责任的？作为保洁员，习惯地、自然地接待了客户，这说明她做这样的事情已不是第一、第二次了，这说明前台接待责任人玩忽职守、客户来了都懒得起身示意的习惯也不是一天、两天了。这样的员工要她有什么用？

后来，客人到1203室的时候，由于没有提前预约，期货事业部总经理恰逢出差，部门秘书刘某某热情地接待了客人。后来又多方联络，很不巧，各位相关领导都出差在外或有事不在公司，直到20分钟后，才有一位客户服务方面的高级经理接待了客人。对于这样的事情，客人很生气，前台的不尊重，长时间的等待，待反映的产品和客户服务的问题，都积累在一起，特别是在这期间又听到公司一个员工再三问“是不是预约过？为何事先没有预约”，更是让客户感到恼怒。

不知道这些员工怎么会这样，怎么会连最基本的礼仪都没有，在他们心中，把客户放到什么地方去了，有没有一点敬业精神？有没有一点真诚对待客户的精神？

一个不懂得敬畏客户的员工，一个不懂得尊重客户的员工，是不可能在公司长待下去的；同样一个不懂得把自己的客户放在心中的公司，一个对自己的客户没有自发的、真诚的热情和尊重的公司，是不可能取得成功、走得长远的。

看狼捕食的时候，会看到这样的画面，狼耐心地躲在猎物看不到的地方，一动不动，不管猎物是在寻找食物，还是在悠闲地玩耍，狼都不会打扰它们，而是很有耐心地等待。因为狼懂得敬畏猎物的重要性，猎物是它们生存的需要。

陈先生是某市一家电信分公司客户部的一名普通的客户经理，负责该市18家单位的电信工作，主要是该市市委、市政府、市人大、市政协、市军分区“五大家”以及公、检、法等政法机关系统。这些单位的服务与需求不同于其他企事业单位，他们的领导都是高层领导，身居要职，工作繁忙，时间观念又很强，很难有机会直接去拜访他们。但是，这些单位的决策权往往又主要集中在那些高层领导手中。因此，陈先生意识到，要搞好高层营销，找准切入点，才能获得市场的成功。因为，他首先采取的“战略”是：走访高层，进行“地毯”式的宣传小灵通、宽带等业务新政策，使用户从“不知、不了解、不熟悉、不接受”的心态转变为“了解、熟悉”，直到很多人都成了使用电信产品的用户。

夏天的时候，由于天气炎热，“ADSL + LAN”的宽带方式经常处于不稳定状态，甚至楼道保护箱内 MODEN 经常出现死机状态，专业维护人员也忙不过来。针对这种情况，陈先生就抓紧时间自学，学会了一些基本的故障排除方法以及电脑维护知识，以便能及时地为客户服务。有一个星期天，陈先生带着妻子、女儿在公园里玩，快到中午的时候，突然接到一个客户的电话，说他家里的宽带突然掉线，怎么也上不去了，心里很着急，要陈先生马上去处理。于是，陈先生就让妻子和女儿在公园里等一会儿，说很快就会回来。可到客户家一检查，才知道是客户家的电脑出了毛病，需要重新安装系统，于是陈先生又替这位客户重新装好了系统。几个小时过去了，电脑终于可以上网了，此时这位客户的脸上露出了笑容，陈先生心里也长舒了一口气。可当陈先生赶回公园时，女儿已经在妈妈的怀里睡着了。

在工作中，陈先生认识到，只有每一位员工都诚心对待自己的企业，用心对待自己的工作，真心对待自己的客户，这个企业才会得到持续不断地发展。

客户是企业的衣食父母，作为企业的一名员工，要尊重客户，真心对待客户，才会换来客户的好感，换来客户的诚意，才会为企业带来商机，带来利益。

## 行动就是硬道理

先开枪，后瞄准。

很多机会都是在议而不决，决而不行中白白浪费的！

有行动不一定有好结果，但不行动就一定不会有结果。

狼在捕捉猎物的时候，一旦做出决定，就会立即行动，绝不拖延。

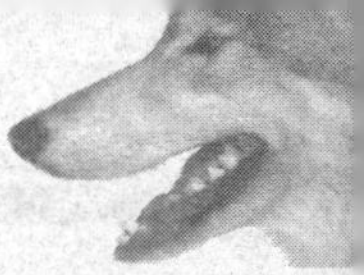

因为它们知道，要想生存，就要比对手快一步；而要比对手快一步，就需要快速行动。

在生活当中通常会看到这样两种人：第一种人可以看作是“行动者”，他们的主要特点是快速反应，勇于实践，在事情刚有点眉目的时候，时机看起来似乎还不是很成熟的时候已经开始行动了，他们常常会被看作比较“莽撞”的人。第二种人，做事比较谨慎，他们在行动之前总会思前顾后，作一些周密详尽的计划，总觉得准备不是很充分，时机还不成熟，还没有充足的理由让他决定行动。这种人常常被看作太注重细节的“完美主义”者。

假如有一个猎手，当他看到一只飞禽的时候，他不可能等它停下来再瞄准然后再射击，等待只会让猎物一去不回头。所以只能在运动中瞄准射击，或者是根据飞行的轨迹提前做一下预测判断。

假如把这个时代的“机会”比喻成飞禽的话，作为想获取这些机会的企业和个人该怎么做呢？创新管理大师汤姆·彼得斯曾经有先打枪后瞄准的夸张说法，看似荒谬，其实是变革时代的真实写照。

机会稍纵即逝，假如不够敏感，不能够快速反应的话，只能够错失良机。人们常说时间不等人！事实往往是，先“开枪”——行动起来，比先“瞄准”——等做好准备再开始，更具现实性，也更容易取得成功！

在现在这个社会里，被认为“莽撞的人”往往比“追求完美的人”更容易成功！究竟是什么原因呢？

那些被称为“莽撞的人”，在机会来临的时候，一般情况下不会多想，会迅速行动起来，在行动中积累自己的优势，领先别人！其实只要领先了别人半步，按照马太效应，就会占尽先机，抢得市场了！过于注重细节，追求完美的人，往往目光关注的是自己的内部，对外界的困难常常有夸大的倾向，因此，常常认为事情必须作详尽的安排，如果等到机会成熟后再开始行动，这样等待的结果往往是失去先机，遭遇市场成熟时的激烈竞争。

很多人常常认为“机遇”会在某一个地方等着人们，一直恪守“机会是给有准备的人”的名言，所以认为只要老老实实做准备，积蓄力量就可以了。其实，这样的想法有些片面。“机遇”不会在某个地方等你，“机遇”常常会“伪装”起来，脸上蒙着神秘的面纱，隐藏起来，只有你深入地探究它，你才能够接近它，获得它！而且，所谓的“机遇”往往都是由自己在行动中创造出来的！有一次，拿破仑率兵打仗，有个士兵对拿破仑说：“将军，现在是我们进攻的大好机会啊！”拿破仑告诫他说：“敌人哪有给我们什么机会啊，所有的一切机会都是我们主动争取来的。”足球比赛中，为数不多的进球大都是运动员在运动中创造机会射进去的。所以，如果有等待机遇的偏好的话，还不如自己先行动起来，自己去创造机会永远比等待机会更能取得成功。

在这个变革的年代里，要记住彼得·德鲁克所提到的这样一句话：只有走在变革的前面，才能驾驭变革，取得成功。所以，从这个意义上来看，快速的行动力和执行力是取胜的关键。

对于一位勤奋的艺术家来说，假如他不想让任何一个想法溜掉，那么当他产生了新的灵感时，他会立即把它记下来——即使是在深夜，他也会这样做。他的这个习惯十分自然、毫不费力。其实做一名优秀的员工就像一位艺术家，他对工作的热爱，立即行动的好习惯，就像艺术家记录自己的灵感一样自然流淌。

拖延是寻找借口的一个直接后果，而拖延是最具有破坏性、最危险的恶习，它使你丧失了主动的进取心。最可悲的是，拖延的恶习也有累积性，唯一的解决办法，很明显，那就是行动了。

做事拖延的员工绝不是称职的员工。如果你存心拖延逃避，你就能找出成打的借口来辩解为什么事情不可能完成或做不了，而为什么事情该做的理由却少之又少。把“事情太困难、太昂贵、太花时间”种种借口合理化，要比相信“只要我们够努力、够聪明、衷心期盼，就能完成任何事”容易得多。人们不愿许下承诺，只想找个借口。如果你发现自己经常为了没做某些事而制造借口，或是想出千百个理由来为没能如期实现计划而辩解，那么现在正是该面对现实好好检讨的时候了，什么也不要解释了，动手去做吧！

富兰克林说过这样一句话：“把握今日等于拥有两倍的明日。”将今天该做的事拖延到明天，而即使到了明天也无法做好的人，占了大约一半以上。应该今日事今日毕，否则可能无法做大事，也不太可能成功。所以，应该经常抱着“必须把握今日去做完它，一点也不能懒惰”的想法去努力才行。歌德说过：“把握住现在的瞬间，从现在开始做起。只有勇敢的人身上才会赋有天才、能力和魅力。因此，只要做下去就好，在做的过程当中，你的心态就会变得越来越成熟。如果能够有开始的话，那么，要不了多久你的工作就可以顺利完成了。

有些人，往往在开始工作的时候会产生不高兴的情绪，如果能把不高兴的心情压抑下来，心态就会愈来愈成熟。而当情况好转时，就会认真地去做，这时候就已经没什么好怕的了，而工作完成的日子也就会愈来愈近。总而言之一句话，必须现在就马上开始去做才是最好的方法。不管有多少时间，也不可白白的浪费。这才是真正积极主动的工作态度。

还有一种员工就是典型的完美主义者，他们觉得无人能做得比他们好，所以不懂得授权给别人。他们认为自己比别人都行，所以也拒绝别人的建议，不要求任何协助。他们会无限地延长工作完成的时间，因为他们需要多一点时间让它更完美，而忽视别人的需要。他们以为只要他们一直在做事，就表示还没有完成；只要还没有完成，他们就可以避免别人批评。完美主义让他们什么事都没做，但却还自我感觉比别人优越很多。

作为公司的一名员工，其实每天总有好多的事情需要去做，如果你正受到怠惰的钳制，那么不妨就从碰见的任何一件事着手。是什么事并不重要，重要的是你突破了无所事事的恶习。从另一角度来说，如果你想躲避某项杂务，那么你就应该从这项杂务着手，立即进行。否则的话，事情还是会不断地困扰你，使你觉得烦琐无趣而不愿意动手。而如果你总是这样的表现，上司也自然不会满意你的表现。

如果在你应该给一位客户打电话的时候，由于拖延的习惯，你并没有打这个电话。也许你没有想到，你的工作可能会因这个电话而延误了，那么你的公司也可能因这个电话而蒙受很大的损失。

为了每天能够按时上班，你要把闹钟定在早晨 6 点。然而，当闹钟响时，你睡意仍浓，于是起身关掉闹钟，又回到床上去睡。时间长了以后，你会慢慢养成早上不按时起床的坏习惯，同时你又会为上班迟到而寻找充分的理由。

每一只狼都明白立即行动的重要性，每一个员工，也都应该明白行动才是硬道理，只有行动，才有把工作做好的可能。

立即行动！不要推辞，不要找借口，行动才会有结果，不去行动就什么也没有。

## 团队第一

有牺牲就有团队，没有牺牲就没有团队。

每个人都懂得牺牲的时候，团队的整体利益最大。

结果高于一切，责任重于泰山！

在电视里，人们常常会看到这样的镜头：一群野狼追逐凶悍庞大的野牛群，假如那头稍微弱小的野牛不幸被狼群盯上，那它就很难逃脱狼口。体重只有四五十公斤的狼怎么可能捕获 1000 多公斤的野牛呢？

靠的正是狼道！

狼群在攻击野牛时，先是将奔跑中体弱的野牛隔离出来，慢慢包围。经过短暂的对峙，狼群突然发起进攻。它们并非乱作一团，而是非常默契地配合、分工合作。身体强健的公狼死咬牛颈，其他狼咬住牛腿将其推倒，在最短的时间内将野牛毙命，然后共同享受一顿美餐。当狼群被大型凶猛动物入侵时，狼也会采用集体防御的措施，将体弱的成员围起来共同御敌，这样的话也能够击败入侵者。

每个人都知道，狼群中并不是没有英雄。同样一只独狼也可以猎杀食物，但是狼之所以选择狼群，选择团队，正是“意识”到团队的力量，每只狼都时刻把团队放在第一位。虽然独狼也可以猎杀一只兔子、一只羚羊，但是面对凶猛的野牛却只能敬而远之，甚至受到反击。从这里也能看到一个企业，是需要个人英雄，还是合作的团队呢?

可以把狼的态度简单地概括成为这样一句话：对成功坚定不移的向往。多少世纪以来，狼群的集体智慧逐渐被编成遗传密码而成为它们体内基因的组成部分。狼群掌握了这样一门技艺，那就是：始终将自己的精力集中在那些能促使它们实现目标的行动之上。

狼群——它们总有一定的计划，从来不漫无目的地围着它们未来的猎物乱跑，尖声狂吠。它们会制定出一些战略，通过相互间不断地进行沟通将其付诸实施。关键时刻到来的时候，每只狼都很明白自己的作用，它们能准确地领会到集体对它的期望，时刻把集体的命令放在第一位。

狼从来就是不靠运气获得猎物的。狼群的凝聚力、团队精神和训练才是它们存亡的决定性因素。

一些组织中流传着这样一句愚蠢的格言，称组织中的每个人，若想成为一个有价值的人，必须立志成为领导。这种观点是通过一些总经理在错误的思想指导下讲出来的蠢话体现出来的。他们总是说自己只肯雇用那些声称要得到他的总经理职位的人。显然这是想要用来证明这个人诚实、勇敢、奋发图强、充满活力、有雄心壮志……诸如此类。可事实上，这只不过是一个精心设计的场面，让参加面试者跳进老板布置好的圈套里。他发出的不是集体精神、默契的配合和忠诚的信号，而是在警告面试者这个组织中总是在对抗和争抢。

在狼群中并不是每只狼都会争着去做领袖。在它们当中有技艺高超的狩猎者，有尽心尽责的保姆，还有幽默风趣的逗乐者，但是每匹狼都被它最称职的位置所吸引。这并不是说没有权威、地位和身份的挑战——挑战的确存在，而是因为它们时刻把团体放在第一位，时刻服从团队的需要。而每只狼的作用，从它还是狼崽时就在玩耍中开始形成，并在以后的岁月中逐渐完善。它们的态度一向都是基于这样一个问题：“什么对集体最有利?”这正好与人类形成了鲜明的对比：假如得不到想要的，就总是想搞阴谋破坏，搅乱团体、家庭或者生意。

现在的狼群很少真正受到其他动物的威胁，它们坚持不懈地训练其智慧和技能，因此几乎不可能受到袭击。它们是设计机会的大师，一旦机会来临了，它们便立刻准备就绪迅速行动。

由于训练有素、准备充分、计划周密、相互沟通畅通及重视行动，狼群总是对胜利抱着很大期望。虽说事实上狼群成功的机会只有十分之一，但它们的态度是成功一定会到来——成功的确到来了。

企业是一个团体，作为这个团队中的每个员工，也必须学习狼的团队第一的精神，必须要把团队利益放在第一位，个人利益放在第二位，以团队的目标牺牲自己的利益，奉献自己的光和热。只有这样，这个团队才有可能成功，而作为这个团队中的一份子的员工才能从中得到更大更多的好处。

假如一个员工意识不到团队的重要性，那么在他的心中也没有团队第一的意识，即使有千万种规章制度或要求，他可能也不会把自己的工作做得完美，他可能会对某些要求不理解，或认为是很多余而觉得厌倦、麻烦等许多的问题。

李先生在希尔顿饭店有过这样的经历。他早上起床，先打开门，走廊尽头站着的漂亮服务员就走过来说："早上好，李先生。"李先生想，对自己说早上好是很正常，但她怎么会知道自己姓李呢？于是就马上问她："你怎么知道我姓李？""先生，晚上你们睡觉的时候，我们必须要记住每个房间客人的名字啊！"

然后，李先生从四楼坐电梯下去，到了一楼，电梯门一开，有个服务员站在那里，早上好，李先生！李先生心里很纳闷地问："你怎么也知道我姓李？怎么可能？"

"先生，上面有电话下来，说你下来了。"然后李先生就去吃早餐，吃早餐的时候送来了一个点心。李先生就问，这中间红的是什么？服务员看了一眼，后退一步说，那是什么什么。李先生又问，旁边那个黑的是什么？她又看了一眼，后退一步说，那是什么什么。她为什么后退一步呢？原来是为了防止她的唾沫会溅到李先生的菜上。

也许大家都有过这样的经历，只是觉得很正常而忽略过去了。但是，这些看起来很小的事，却体现出深刻的道理。如果服务员没有一种以希尔顿饭店为第一的团体精神，她能表现得这样尽职尽责吗？一个没有团队感的员工，怎么可以成为一个积极进取、自动自发的员工呢？

事实上看来，只要每个员工都勤奋、尽职尽责，努力工作，工作同样会赋予每个员工以荣誉。每个人工作的目的绝不仅仅是为了每月有一份不错的薪水，或者是为了有一份可以谋生的职业，重要的是还要追求一种认同感、归宿感和成就感，而这一切都建立在团队第一的基础之上。只有时时把团队放在第一位，才能让自己对待工作全力以赴，才能让自己自觉地远离任何借口，远离一切有损于公司和工作的行为。从而在工作的过程中，不知不觉地融入到集体之中，最终将获得更好的发展。

# 狼性员工的工作原则

狼的自述：

我们不会为了所谓的尊严在自己弱小时攻击比自己强大的东西。我们如果不得不面对比自己强大的东西，必群起而攻之。

我们有野性的干练与智谋，还有果敢的行动与思维，周密的布控与合作，这是我们狼族的行事风格，我们不像人类想象的那么残忍，我们狼族团结，是无法可比的。

我们会为捍卫自己的主权、原则和信念，无论何时何地，在多么艰苦和困难的环境下，也不肯向人们俯首称臣。我们虽然不是什么高级动物，但是我们是很优秀的动物之一。因为我们有我们的原则。

## 狼性原则之一：忍辱负重

在现在的许多优秀企业中，以狼为师的企业已成燎原之势。海尔、华为、七匹狼、大众、通用电器、联邦快递，还有加拿大空军、德国KSK特种部队、英国北爱联合部队等机构无一不以狼作为个人和团队精神和心灵世界为重点。其实狼作为一种灵异的形象表达了某种卓越企业文化的精髓。狼性情结的植根，从某种程度上讲，代表了一种文化根源的回归。

曾有人这样评价狼：人在风中，每个人都必须经受风的吹拂！每个置身职场的个人，在经历过狼性文化的熏陶之后，就应以狼为师，学狼之长。也许当你拨开以往对狼误解的阴云，直逼狼性中无与伦比的内核时，你就会得到不凡的收获！当你像狼一样傲视一切时，你就一定能成为职场中真正的强者！

假如企业每一个员工都具有一些狼性，这必将是企业和个人之幸。河流与河流交汇的地方，蔚然成一片蓝色的汪洋，点点滴滴的狼之精神，聚焦起来就构成了一个卓越企业云蒸霞蔚的辉煌奇观！

然而企业中的员工必须懂得无论大小事情，都应该是一个忍辱负重的过程，要像一个母亲一样勇于牺牲，这也是狼的性格。

其实，忍辱负重是中国人自古以来的美德，俗话说“小不忍则乱大谋”。从古至今不知有多少人为了集体的利益而忍辱负重，甚至失掉名誉，都是可歌可泣的。

但是中国人又很讲究“骨气”。“士可杀不可辱”，从古至今不知有多少宁死不屈的正义之士流芳百世，又不知有多少苟且偷生的懦夫遗臭万年。

在古代的时候，越国被吴国打败，越王勾践被作为俘虏抓到吴国。在那里，勾践天天过着屈辱的日子。但勾践为了骗取吴王的信任，忍辱负重，甚至为了判断吴王是否得病而去尝吴王的粪便，这对于一国之君主来说，是一个莫大的侮辱。那么，是不是说，越王勾践就没有骨气，没有自尊呢？不，忍辱负重，说白了就是一个“服输”和“认输”的问题。那么不难看出，越王对于吴王只是“服输”而没有“认输”，因为越王被释放回越国后“卧薪尝胆”，总结失败教训，最终东山再起，打败了吴国。越王勾践表面上的忍辱负重蒙骗过了吴王，而内心的不认输却一直激励着他，所以越王勾践即便受了侮辱，但他的尊严却一直没有丢掉。

同时，忍辱负重需要勇气和长远的谋略，并不是一般人可以做到的。越王勾践在吴国之所以能忍受常人所不能忍受的侮辱，是因为他确信自己只要能重获自由，一定能打败吴国。若当时越王勾践逞一时之勇，必定会死在吴王手上，那越王勾践不过就是一个值得后人可怜和同情的烈士罢了，最终胜利的还是吴王。正是因为勾践忍辱负重，最终灭掉了吴国，胜利又属于越王勾践，那么后人在被勾践能忍辱负重的精神所折服的同时，也会赞扬越王勾践的远见。

有这样一个例子：小敏是一家公司的职工，她又要辞职了。年关马上就到，换了别人，就算要辞职，也会熬到拿了年终奖再撤。除非另一家公司给出丰厚待遇来“挖墙脚”。而她竟然在还没找到下家的情况下准备辞职，一离开公司马上就将成为待业青年。

小敏，从中文系一毕业，靠他爸爸的关系进入一家大公司做秘书。在很多人看来，那已是不错的一份工作，薪水不菲，工作轻松，准点下班。谁知干了不到三个月，她竟要辞职，理由是因为是靠关系进去，被别人诸多议论。也许这是有骨气的表现，这次辞职朋友们表示支持。接着小敏到了一家广告公司当文案，不出四个月，又萌生去意，理由是文案被小学文化的客户改来改去，实在有伤自尊，工作量倍增，工资却原地不动。

后来，小敏考进了一家报纸做娱乐记者，一开始乐得屁颠屁颠的，因为可以和许多明星实现零距离接触，常常跑跑片场、发布会，也算半只脚踏进娱乐圈。但半年后，她开始牢骚满腹，说什么像狗仔队一样，成天追着那些浅薄虚荣的小明星跑，实在是浪费生命，人生毫无意义。

再接下来，就是这次了。她又准备从杂志社辞职。对小敏又一次不理智的行为，她的朋友们实在是不能再保持沉默了。大家从经济收入、职场发展、女人年龄危机等角度为她做出详细分析，劝其慎重考虑。小敏就嚷嚷着说："你们不是当事人，不知我处在水深火热的痛苦，当然这么说了！"问其如何痛苦，谁知仅仅是"连续两个月的周末都加班"！

小敏之所以这样不断地跳槽，每个公司都待不久，就是因为她没有忍辱负重的精神，遇到一点小小的挫折就做不下去了。这样，不但对于自己的工作经验没有积累，对于以后的职业规划也毫无益处。

工作压力、人际关系，往往使职场新人无法承受其重。人生的路很漫长，学习骆驼负重的精神，才能安全地抵达终点。如果都像小敏一样，没有一点忍辱负重的精神，就只能不断地跳槽。

**海外创业："忍辱负重"谋下金饭碗**

"设计师是天底下仅次于上帝的职业，同样是创造。"年仅 29 岁就被德国戴姆勒·克莱斯勒汽车公司（奔驰）聘为终身设计师的四川小伙子张帆，站在西南交大国际会议厅的讲台上，他的一句开场白吊住了现场所有人的胃口。在此次有关现代交通工具设计的演讲中，张帆不但让听众感受了来自世界顶尖汽车设计的精彩，更让人体会到他的艰辛与成就。

张帆 1975 年出生于四川康定，1994 年就读于上海同济大学工业设计系，后在清华大学工艺美术学院攻读硕士。2000 年 4 月获得日本三菱汽车国际设计竞赛一等奖，2002 年 2 月获得德国"Auto – torandsport"杂志主办的"国际交通工具设计大赛"的最佳品牌设计奖，随后被德国奔驰公司本部聘为汽车造型设计师。

对于自己在国内受教育后进入奔驰公司德国本部，并担任汽车造型设计这项核心工作的经历，张帆说："这个过程颇有'忍辱负重'的感觉。"他说，之所以能进入奔驰公司，缘于他 2002 年在一次"国际交通工具设计大赛"中获奖。但进入奔驰公司没多久，他就发现，在一个如此专业、尖端的领域里，自己完全是个蹩脚的新手，连对汽车设计都还没有一个明确的概念。此后，他设计出的车型总是无法获得投产的机会，面对周围如此多的顶尖设计师，巨大的压力可想而知。

"如何能突破压力，并在奔驰公司立足？"对此张帆坦然地说："也许越是外表沉着的人，内心积聚的力量越大吧。"张帆称，两年时间里，他不断地跟自己较劲，经常一个人在办公室的角落里一遍又一遍地绘图，一次又一次地推敲自己的设计。终于，他参与设计的机会越来越多，并

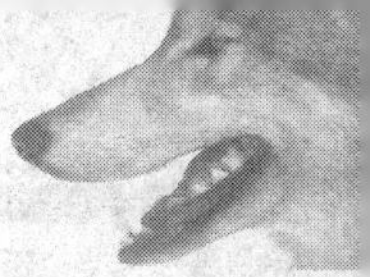

成功地为自己谋下了奔驰公司终身设计师的“饭碗”。

其实忍辱负重是要有一个目的，这往往是为了集体的利益。越王勾践忍辱负重是为了重振越国，不至于让越国被消灭殆尽。如今，又有许多公安干警为了消灭一个犯罪团伙，常年在该团伙中卧底，过着不见天日的日子，他们都是为了集体的利益而忍辱负重，只有这样才值得人们歌颂。相反，那些为了自己利益，“好死不如赖活着”而“忍辱负重”的人，最终只能被众人钉在“苟且偷生”的耻辱柱上。

而在企业中员工最多，老板最少。员工就像大地一样承载着企业，老板可以任用员工，也可以炒掉员工，这是老板的权力。但土地是有自己的“地气”的，是有自己的规律的，如果人哄地皮，地皮就会哄人肚皮。所以老板要了解什么是员工关心的，员工的立场和原则是什么，才能做好企业管理。作为员工，在企业里虽然数量最多，但每个个体却是弱小的，学会保存自己，然后再谋发展是员工的生存哲学。做员工是为将来做老板打基础，利用这个平台学本事，所以要奉行“厚德载物”的原则，忍辱负重，守住员工的本分。

## 狼性原则之二：共同发展

员工的最大使命就是使公司看到员工自己是企业整体的一部分。同时，也让企业看到一个员工始终把企业作为一个整体而不是单个，而这正是狼族的最重要的原则之一。

现在的公司认为，人才的培养是一个长期而艰难的过程，公司以其独特的管理之道为员工创造最佳的发展环境和发展空间，鼓励和帮助员工不断改革和创新、奖励挑战并超越自我的表现，激发员工个人与公司事业的共同发展。然而，好的公司不一定只要有好的发展空间和环境就够了，最重要的是让企业与员工共同发展。

在商业中，“职业管理”一向被看成员工个人的事情，可是随着“人力资本是企业最重要的资本”这一概念的明确，人们发现，加强员工的职业管理，跟公司的目标相一致，是实现组织目标的有效管理手段。所谓职业管理是指组织提供的用于帮助组织内正从事某类职业的员工的行为过程。职业管理是企业人力资源管理的重要内容之一。

### 利益共同体：企业和员工的结合点

假如组织目标的实现与加强员工的职业管理是一致的，那么，它们两者之间的一致性要怎么样来体现呢？或者说两者的结合点在哪里呢？

其实，一个企业或者一个组织的存在与发展，离不开员工的努力工作；一个员工的发展，更离不开组织而存在。所以说，组织与员工是相互依存的关系，两者都是为了求得良好的发展，这就是目标上的一致性。举个例子说，联想公司、方正公司、同方公司等大公司都在媒体上宣称：在多少年之内造就多少个百万富翁。其实，这是企业发展的一个目标，也正好迎合了员工在利益方面的期望。

没错，这也是吸引卓越人才为企业发展效力的有效激励措施之一。因为没有这些人的努力，企业根本就不可能得到好的发展；没有良好的企业环境，这些人才也更不可能成为百万富翁。所以，企业与员工在利益追求上是一致的，这也是职业管理的有机结合点。难怪有企业在努力倡导、建立企业与员工的“利益共同体”。这种“利益共同体”使员工成为企业实实在在的主人，使人才得到了应有的尊重，使知识能创造财富。换句话说，企业的发展建立在个人发展的基础上，企业是人们实现人生梦想的地方。

**工作适宜性：员工与企业的优化匹配**

对于企业的利益共同体，是以企业与员工之间的相互选择、相互认可和相互接纳为前提的。随着自主择业、双向选择的市场化就业机制的逐渐形成及实施。任何企业在招聘、选拔、录用自己需要的人才之前，都会进行必要的组织分析、工作分析、人员分析等，这样一来也就有可能招到最适合企业的人才。

不过，许多职场中人在转换工作之前，都会对自己的理想、价值追求、能力、经历等进行较为客观的自我剖析和自我定位。因为只有当用人企业的要求与寻求相应职位的应聘者的条件相匹配时，双方才有可能一拍即合，这便是企业对员工实施职业管理的开始。

**职业管理：体现企业对员工的关心**

当求职者来到企业，成为企业正式一员的时候，组织就应该采取积极接纳的态度，对员工实施职业管理。职业管理作为帮助组织员工的一种行为过程，应从三个方面理解：

第一方面，职业管理是组织为其员工设计的职业发展、帮助计划，有别于员工个人制定的职业计划。它是从组织的角度出发，将员工视为可开发、可增值而非固定不变的资本。通过员工职业目标上的努力，谋求组织的持续发展，因此，职业管理带有一定的引导性和功利性。

第二方面，职业管理必须满足个人需要与组织需要。职业管理力求满足员工的职业发展需要。组织只有充分了解员工的职业发展需要后，才可能制定相应的政策和措施帮助员工进一步制定自己的职业生涯规划，向他们提供相应的培训机会。

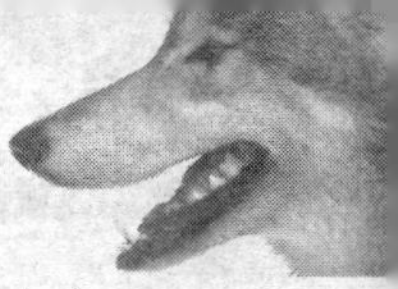

其实，企业只有满足了员工的职业需要，才有可能满足组织自身人力资源内部增值的需求。一方面全体员工的职业技能的提高带动组织整体人力资源水平的提升；另一方面在职业管理中的有意引导可使同组织目标方向一致的员工脱颖而出，为培养组织高层经营管理及技术人员提供人才储备。

提高人员整体竞争力和储备人才是组织的需要。对职业管理的精力、财力投入可以看成组织为达到以上目的而进行的较长期投资。

第三方面，职业管理内容非常广泛，所以只要是组织对员工职业活动的帮助，均可列入职业管理之中。主要包括：针对员工个人的，如各类培训、发展咨询、心理辅导、讲座以及为员工自己强化技能、提高学历的学习提供便利等等；针对组织的各种人事政策和措施，如规范职业评议制度、建立和执行有效的内部升迁制度、劳动保护与社会保障制度等等。

**迈向卓越：员工对企业的奉献**

职业管理的最终目的是通过帮助员工的职业发展，以求组织持续发展，实现组织目标。因此，职业管理制定：有了组织员工的卓越发展，才有组织的目标实现。员工的卓越，有赖于组织实施的职业管理，在组织提供的有效职业管理中，员工迈向卓越，并将自己的聪明才智奉献给组织。作为员工个人，应做到：

1. 不断提升自己的业务能力。未来唯一可以确定的东西就是外在环境的不确定性。不管是个人，还是用人单位，为了确保自己的市场竞争地位，都应努力“投资”建设一种学习型的组织。

2. 保持健康、积极的心理素质。翻开名人传记，你会明白一个永恒的人生真理：心态就是一切。积极健康的心态，会引导你迈向卓越；消极颓丧的心态，会令你一蹶不振。

3. 未来的世界属于不断创新的人。人生最可怕的一件事，就是“把错事做得很正确”。在特定的环境条件下，你做对了一件事，并不意味着你永远都可以沿袭这一做法。请记住：变则通，通则达。

4. 认可组织文化、价值追求，高度忠诚于组织发展目标。

其实作为企业组织，应本着以人为本的思想，从尊重员工职业发展需要、帮助员工发展的角度出发，来制定现代人力资源管理政策、措施，实施人性化与理性化相结合的企业管理方案。这样，员工才能把企业的事情，当成自己家的事情来做。

## 狼性原则之三：自知之明

员工必须懂得专注于一点可以使自己成为这一领域的老虎，每一个员工应该知道自己能干什么，不能干什么。

俗话说：人贵有自知之明，一个“贵”字何其难得。还有句老话“知人知面不知心”。人了解人不易，连古人也说：“知人之难，尧舜所病。”所以说，每个人都自以为最了解自己，可是许多事实说明，人往往最不了解自己。马谡信心十足地自荐守街亭，结果掉了脑袋，可见自知很难。

我国古代的孔子叫学生漆雕开去做官。而漆雕开回答说：“我对做官还没有信心。”孔子听后非常高兴。孔子高兴的是什么呢？是漆雕开能够认识自我，有自知之明。

其实也有一些人一旦获得一点成绩，就忘乎所以、得意忘形，就以为明察秋毫、全知全能了。但是工作决策，难免会有主观性、片面性、危险性。殊不知，然而这实际也是一种不能认识自我的表现。一个人如果不能认识自我，有错不知，有错不纠，就免不了要栽跟头。凡是跌进失败深渊的人，没有一个不是这样的。知人与知己的重要性已为人们所普遍认同，问题在于为什么有的人一轮到自己、一遇到具体问题就犯糊涂？这是人们应当认真思考的。

“人无完人，金无足赤。”这也是前辈们留下的至理名言，也正因为人人都会有不足之处，所以每个人都会犯这样或那样的错误，可是也就是因为这些错误，才使人们对自己所犯的毛病及时认识、有所改正。

做人要有自知之明，更要常学别人之长补自己之短。特别是在工作中，更应该正视自己，有缺点，有不好的地方不是自己的错，错的是你知道后不去改掉它，如果你发现了自己的缺点，那么就改掉它。假如你太自信，则没有什么人会看得起你，以为你太傲，如果你不想改变你的自信，那么你就不要太把自己当回事，埋头苦干便是。

俗话说：“尺有所短，寸有所长。”“智者千虑，必有一失。”知己之不足，知人之所长，这就是尊重别人的基础。特别是在大企业中，员工的资历不一样，那些新员工看到比自己资历老的同事的行为，同时也能看到他们丰富的经验；看到比自己资历轻的同事，就去欣赏他们的思想活跃、锐气十足。只要虚心向身边每一个人学习，歪风邪气是不会向你靠近的；而在工作中，就算工作得不到认同，自己也不能失去做人的准则。

其实办公室里的人际关系，一直是一个敏感的话题，如果你处的不好，那么你的工作也不会做好，如果你处的好，那就不用多说了，其实说来说去这都与一点有关，那就是看你是否会看别人的脸色办事，也就是有没有自知之明。办公室里的人际关系对工作效率的影响至关重要。至于同事之间关系紧张的，人与人之间的竞争呈恶性状态，少数员工掌握了大部分的资源，大部分员工的时间和精力都不得不用于应付正常工作以外的事情，正常的工作效率低下，大部分人的积极性受挫，内耗严重，使单位的元气一点点消耗殆尽。

自知是要有自知之明。在办公室里，自知的含义是要清楚自己的优势和劣势，清楚自己的位置，也清楚自己在别人眼中的分量。牢记自己这个位置上的责任和义务，明白什么事情该做什么事情不能做，什么话该说什么话不能说。在踏踏实实做好自己分内事情的基础上，根据自己的天赋和价值判断，做好长远的职业定位。

特别是在职场上，人们常常会担心别人不理解自己。其实，你真正应该担心的不是别人是否理解自己，而应该反省自己是否理解别人。《论语》云：

“不患人之不己知，患不知人也。”说的就是这个意思。先理解别人，对职场上的每一个人都很重要，但对做员工的尤其重要。一个员工要获得良好的职业发展通道，首要的一点是要能够理解你的老板。理解老板的目标，理解老板的理念，理解老板制订的规章制度，理解老板对自己所在岗位的期望，在理解的基础上去执行，去落实。

在工作顺利的时候，相互配合默契的时候，人们基本上都能够善待他人。但金无足赤，人无完人，任何人都有不足的地方。对办公室的工作，不可能每一件都完成得顺顺利利、尽善尽美，有的甚至会由于各方面的原因而办砸。这时，尤其要能够善待别人，善待别人的错误。对于当事人，不要急于把责任往别人的身上推，要认真检讨自己的错误，发现自己的不足，避免类似的情况再度发生。

假如你是老板，尤其要善待他人。老板善待他人就是善待自己。老板是员工心目中永远的明星。即使下属员工看不见他，他们也会通过老板的用人、老板的处世风格、老板对待问题员工的态度来感知他是一个怎样的人。员工的所有变化都会依照老板的态度来展开。有善待他人的老板，才会造就更多善待他人的员工。善待他人的员工多了，人际关系也就更加轻松和谐了，办公室的工作也就会开展得更顺，工作的效率也就更高，老板的目标也就更容易实现。

做到“自知、理解、尊重、善待”，不仅能够帮助自己搞好办公室人际关系，提高工作效率，也能够给自己的日常生活增添更多的情趣和欢乐。

**了解自己，才能踏出成功的第一步**

成功，是职场人士的共同追求；成功，是可以由自己把握的；对自己了解得越多，成功的机会就越大。

谁能左右你的命运？谁能永久激励你？谁能保证你获致成功？答案是你自己，别人只能帮你推波助澜而已！

肖林是一家房地产公司的销售经理，紧张的工作之外，常感到与顶头上司沟通不畅。每当他向上司汇报工作的时候，都感到很兴奋，他会滔滔不绝地讲述他的部门经过何等努力，取得了很好的业绩。而他的上司在和他谈话超过十分钟后就表现出不耐烦，常常打断他的话，肖林感到很苦恼。后来，经过 P. D. P 诊断，肖林的特质是孔雀，而他上司则是老虎，在沟通时，孔雀喜欢滔滔不绝，而老虎希望有条理和有重点。了解了自己的特质，也就了解了问题所在。现在，肖林的工作汇报简洁而重点突出，与上司的关系也有了明显改善。

虽然，一切掌控在自己，而且每一个人都掌握了选择的自由，但是不了解自己，有时仍很难为自己创造有利的机会。因此，要获致成功，首先要先研究、了解自己。

曾经有人也这样说过："自己才是自己的最佳导师。"可是，"你"到底是谁？你真的知道自己吗？包括你自己的个性、优缺点、健康状况、自信心、积极态度，以及要追求的是金钱、权势、或者其他的事物，你对你自己真是彻彻底底的了解了吗？

如果一个人想要成功，就必须从自己这座价值连城的宝库中，主动分析、找出你的长处，并且全然接受它，将它付诸行动，才有机会达到成功的境界。所以，真正了解自己，才是实现奋斗目标、拥抱成功的关键。唯有真正了解自己的长处、优势特质，才能在实践中扬长避短，快速成功。

如果，你不很清楚如何分析、了解自己，不妨按照下列的方法和步骤，循序渐进来做：

你要澄清自己对生命、生活的价值观。卡尔·罗杰斯说："澄清自己的价值观，是迈向一个更丰富、充实、有生产力的首要条件。"你在这个时候就需要扪心自问："我要成为什么样的人？"

你对自己真的了解吗？你知道自己是什么样的人吗？在这个世界上有两群人所组成，一种人称为"结果导向型"的人，他们追求的是结果，诸如世界级的演员、跨国的企业家、国际级的演说家、顶尖的模特儿、国会议员、破世界纪录的运动员等；另一种人则是"过程导向型"的人，他们注重行动本身，追求有所作为，对金钱、地位并不是太注重，就像那些艺术家、音乐家、建筑设计师、宗教家、科学家一样。

如果你希望追求的是想得到财富、地位和被人承认，那么你就是"结果导向型"的人。如果，你注重的是要掌握一门新技术、解决人类某项问题，向全新的领域挑战，你就是一位"过程导向型"的人，如果不是，至少是努力想要成为一个这样的人。

多了解自己，就能更准确知道如何截长补短，趋吉避凶，从而选择

最适合自己发展的人生目标，学习最适合自己的专长，发挥自己最满意的长处，以获致成功。

人活着最大的意义就是充分发挥自己的潜能，当我们真正了解自己，并知道要成为什么样的人之后，接下来要做的每一件事，都应当要竭尽所能，全力以赴。只要每个人在生命中的每一个时刻，竭尽所能、全力以赴，那么，人们面对的世界也将跟着改变。

## 狼性原则之四：知己知彼

每一个员工必须明白胜利并不是说明自己强大，而是说明自己比对手更用心。

《孙子·谋攻篇》中有这样一句话：“知己知彼，百战不殆；不知彼而知己，一胜一负；不知彼，不知己，每战必殆。”其意思是说，在军事纷争中，既了解敌人，又了解自己，百战都不会失败；不了解敌人而只了解自己，胜败的可能性各半；既不了解敌人，又不了解自己，那只有每战必败的份儿了。

“知己知彼，百战不殆。”这一规律不仅为古今中外许多军事家所推崇，作为一种智慧、一种决策制胜方略，它还可以同样适用于社会生活的各个领域，特别适用于当前的经济领域。

不过事实上，中外众多功成名就的企业家和众多长盛不倒的企业，都是极为善于运用“知己知彼，百战不殆”这一谋略的典范。

可是，何谓“彼”？而何为“己”呢？如果从商业经营管理的角度来说的话，所谓“己”，那主要是指经营者自身所属的各种因素，因为这些因素是全方位的，它涵盖了经营管理者自身的每一个环节。而所谓“彼”，要从广义的角度来说，那就是所有的外在条件都属于“彼”的范畴。如果从狭义的角度来说，“彼”又可以特指经营管理的对象——即已有的客户和目标消费者。

假如对于每一位有志于从事商业经营活动或者正在从事商业经营活动的人来说的话，那么首先应该明白这一点：消费者就是企业的衣食父母、是上帝，应当细致深入地去分析研究、透彻了解、准确把握他们的各种情况，真正做到知己知彼，全盘把握，心中有数。

但是，应当怎么样才能有效地实施知己知彼的策略呢？

其实，有很多个具体的运作办法。可是不同的商家有不同的运作办法，所以说不是哪一种都非常管用。然而其中最为常用的、最为需要、最为有效方法之一，便是认真细致做好市场调研工作，掌握消费者的第一手资料，把它们作为经营决策的依据。

在国外，有许多有名的大公司就在这方面做得非常到位，很值得我们好好借鉴。

麦当劳就是非常成功的典型例子，麦当劳公司通过市场调查，准确地知道，在某个国家，每人每年平均吃掉156个汉堡，95个热狗。

然而汉宝公司更是妙绝，它曾经秘密地调查过，消费者在使用卫生纸时是叠起来用，还是折起来用，连各自的比例是多少都有记录。

其实在美国，有73%的企业都有非常正规的市场调研部门，专门负责对产品的调查、预测和咨询工作，并且在每一个产品进入新市场时都进行专门的市场调查，这样他们可以及时了解消费者的受用情况。

对此可以很显然的得知，深入细致的市场调查是“知己知彼”的重要手段，是做出正确的经营决策的主要依据。可是如果不进行深入细致的市场调查，那么决策者又怎么能够做到“知己知彼”呢？又怎么能准确无误地做出正确的决策呢？

其实，不管做任何事情，“知己知彼，百战不殆”这个指导思想对人们都很重要。然而这个道理似乎人人都十分明白，但是为什么在经营管理的实际操作中，真正能够做到知己知彼的人却是那么的少呢？

而我国曾经在南非举办了一次“中国贸易展览会”，在这次展览会上，参展单位虽然事前做了大量准备工作，而且号称已经有了100%的把握，可是，在此期间竟然还是出现了令人贻笑大方的“知己”而不“知彼”的事情：

广州某家用电器公司想当然地认为南非既然是非洲国家，一定会很热的，所以只带去了冷风空调器，哪知到了南非后，才发现天气也很冷！后悔没有带冷热两用的空调器来。

而且还有些企业更加离谱，带去的参展产品竟然是甘蔗大砍刀，而南非根本就不种植甘蔗！类似这样可笑的“知己”不“知彼”的例子实在太多了。其实这次展览会本来会给许多企业带来一些推销自己产品的大好机会，可是由于企业不知彼，才造成了这些笑话。

“知己知彼，百战不殆”这一经典智慧名言虽然是国学之精华，可是众多的老外们对此道却比国人中的许多人更为精通，而且运用得更为细致，更加深入，在运用上更见功夫。

有一位衣着光鲜的外国人小心翼翼地敲开了北京市朝阳区一家普通居民的大门。然而在主人的热情引导下，这位客人进屋后不仅仔细地观察了这套居室的布局和厨房、卫生间的结构，而且认真地了解家中各种家电的品牌、功能，最后还向主人询问了有关购买和使用这些家电具体的情况。其实可以看出来，这位客人对所有家电都十分感兴趣。然而，主人听到了这位客人的话后十分惊讶，一问才知道这位客人竟然是瑞典伊莱克斯公司的首席执行总裁！

跨国公司的执行总裁竟然亲自深入普通老百姓家搞市场调查，在许多人看来也许是不可思议的事情，可是，那些外国人却把这看作一种必须的工作程序。由此可见他们对“知彼”的重视程度。

而“知己知彼”历来被视为经营决策的前提，然而同外国人相比，中国的决策者在这一方面做得究竟怎么样呢？其实应当好好地反省一下自己，比如：对国内外的市场行情是否了解得很仔细很深入？对消费者的潜在需求和消费心理是否了解的很透彻？对竞争对手的各种情况是否明察秋毫了如指掌？对目前的潜在市场是否具有准确的预测和估计？所有这些都需要人们好好反思一下。

有一家大型外资企业从 1997 年起到现在成功地踏入了中国市场。然而，开始的时候，该公司的广告词就只有简单朴实的六个字：尊重人，看重人。不过还外加一个十分醒目的 CIS 形象。

可是当这个 CIS 形象广为人们所熟悉之后，或者也可以说品牌形象深入人心之后，大家可以在家电市场上发现这个品牌的一系列十多种产品，不过惊讶之余，同一品牌的系列办公用品又铺天盖地而来了；紧接着，在全国几乎所有的化妆品商场上，在十分显眼的位置上开出了同一风格的品牌专柜，从粉底霜到睫毛膏，大大小小几十个漂亮的玻璃瓶一应俱全，应有尽有，十分抢眼，吸引了众多爱美人士的强烈关注。

如此铺天盖地的整齐划一的铺货行动，这说明了什么？其实这说明当时运作市场的并不是等闲之辈，而是一群十分了不起的营销精英。

不过他们为什么会在如此短暂的时间内迅速而又成功地占领市场呢？其实原因很简单但也很复杂，那就是因为他们对中国市场的调查研究下了很大的功夫，就是说他们真正做到了“知彼”：对消费者有深入细致、切中肯綮的了解和把握。

从这个例子里不难看出也不难明白，“知己知彼”是商家做出正确决策的前提，所以它应当成为商家的座右铭，成为商家经营决策的基本法则之一。而下面则是一个反例子。

大白鲨酒楼是以经营广东粤菜、打边炉、蛇餐等为主要特色的酒楼，位于北京北二环路和新街口交叉路口，背靠商业区，又面临交通顺畅的二环路，地理位置相当不错。走进大白鲨酒楼，你可以发现它就处在风景秀丽的什刹海西海边。坐在一层楼的餐桌前，可以欣赏到窗外什刹海波光粼粼的湖面。清风吹来，感觉甚为惬意。真是一个品尝美食的好地方。

可是，就是这样一个地理位置优越、环境舒适典雅的餐厅，自从开业以来，人气一直旺不起来，特别是在吃饭时间里，上座率还不到30%。谁都不知道这是为什么！其实只要深入研究它的病症，也不难发现，经营惨淡的原因就在于它既不“知己”也不“知彼”。

第一，是不知己。酒楼内部的格局设计的并不是很实用，也不尽合理，比如，每一层都是小餐桌，最多只能容纳四个人同时就餐，没有大圆桌，这样对多人就餐十分不便。而且餐桌的布置过于密集，给人一种非常局促的感觉。在经营项目上，大多数北方人对打边炉和吃蛇餐并不是很感兴趣，明显不符合当地人的饮食习惯。

第二，这家酒店存在着明显的不知彼，而且还不了解食客的偏好和需求。在北京的食客遍尝大江南北各种菜系，吃来吃去还是觉得家常菜最亲切。特别是这几年来，北京菜馆盛行的是北京菜、川菜、东北菜，而广东粤菜因为在口味上与北方人差距较大，在北京始终难成气候。而且，北方人对蛇餐并不感兴趣。偏偏该酒楼的菜谱上便有恐怖的群蛇照片！很显然，这与北京食客的偏好和需求是极不相符的。

假如你既不知己，又不知彼，那怎么能够赢得市场呢?

经过彻底改变的大白鲨酒楼，现在的生意是越来越好了，因为他们将之前的菜换掉了，取而代之的是京味大众菜、特色菜，所以生意就越来越好了。

其实对于任何一个刚刚涉足商场的人员来说，要学会知己知彼，了解自己客户的需求是一门“必修课”，也是这些人未来在营业中能够获得成功的重要“筹码”，多少人梦想着以此做到百战不殆。

先知彼，再知己，最终做到知己知彼，百战不殆。例如，在了解买家风险后，陈日湘坚持在实践过程中不断创新，为每个客户设计制订个性化的出口信用保险方案、倡导业务规范化管理及大限额申请前必须进行详细资料分析。他通过承保公司第一宗深加工出口结转业务，使国内出口信用保险公司在探讨加工贸易及三来一补承保问题的研究上迈上新台阶。

广东美的集团，一海外买家因业务纠纷而拖欠货款达 50 多万美元，陈日湘了解案情后，第一时间前往企业，与企业共同制订了追讨方案。仅用两个星期就帮助企业成功追回 50 多万美元的货款，并协助解决了买卖双方的业务纠纷，有效地维护了出口企业与买方继续合作的关系。

请记住，知己知彼，百战不殆。在现代竞争越来越激烈的经济社会中，关键是怎样活学活用。

狼也很想当百兽之王，但它知道自己是狼不是老虎，所以很少攻击比自己强大的动物，就算不可避免地遭遇这些敌人，狼也会群起而攻之。兽群中的老、幼、病、残是狼群的首选目标，狼会辨认出哪些是显而易得的牺牲品。

有则这样的小故事：一位富翁在非洲狩猎，经过三个昼夜的周旋，一匹狼成了他的猎物。在向导准备剥下狼皮时，富翁上前制止了他，并问：“你认为这匹狼还能活吗？”

向导对富翁的行为非常的惊讶，不过他什么也没问，只是点了点头。

富翁打开随身携带的通讯设备，让停在营地的直升机立即起飞，原来他想救活这匹狼。直升机载着受了重伤的狼飞走了，飞向500公里外的一家医院。

富翁坐在草地上陷入了沉思。这已不是他第一次来这里狩猎，可是从来没像这一次给他如此大的触动。过去，他曾捕获过无数的猎物，山羊、小牛、羚羊、鬣狗甚至豺狼，这些猎物在营地大多被当作美餐，当天被分而食之，然而这匹狼却让他产生了“让它继续活着”的念头。

狩猎时，这匹狼被他追到一个近似于“丁”字形的岔道上，正前方是迎面包抄过来的向导，他也端着一把枪，狼夹在中间。在这种情况下，狼本来可以选择岔道逃掉，可是它为什么没有那么做呢？难道那条岔道比向导的枪口更危险吗？

面对富翁的迷惑，经验丰富的向导道出了事情的原委：“埃托沙的狼是一种很聪明的动物，它们知道只要夺路成功，就有求生的希望，而选择没有猎枪的岔道，必定死路一条，因为那条看似平坦的路上必有陷阱，这是它们在长期与猎人的周旋中悟出来的道理。”

**知己知彼，百战不殆**

所谓的“知已知彼”，首先是要“知己”，所谓“知己”也就是要充分认识到自身的实力，而且对自己有一定的准确定位，明确自身的优点和缺点，既不自高自大，也不妄自菲薄。其实每个人都有自己的优点和缺点，世界上根本不存在完美的人，但是你如果能充分了解自己的优点和缺点，并能够发挥自己的优点，改善自己的缺点，就应该说已经接近完美了。无论在什么环境下，你身上的优点和缺点都会对你产生一定的影响，并且决定了别人对你的态度，阻碍或者帮助你实现目标，完成工作。

每一个优秀的员工，都要根据不一样的环境和情况，灵活面对自身的优点及缺点，也就是说，尽量以优点来面对环境，当工作环境需要你面对自己的缺点时，也不要逃避。需要改正缺点时，要毫不犹豫地去改正。虽然这些做起来很难，但优秀的员工一定会去做，即使结局是失败的，同时也能够在这个过程中受到一些教益。“知已知彼”的另一个重要方面就是“知彼”，所谓“知彼”就是要充分了解自身之外的情况，包括自己的工作、团队、公司、同事、竞争对手等等，凡是能对自身的工作事业产生某种影响的外界因素，这些都属于“彼”的范畴。

孙子这样认为，兴兵作战是可以预知胜利的，这必须以熟知下面五种情况为前提：知道可以打或不可以打；懂得根据兵力多少而采取不一样的战法；三军将帅同仇敌忾，上下同心；以有戒备的军队对待防御松弛的军队；将帅有才能而君主不加牵制。总之，既了解敌方情况又深知己方状况，每次作战都不会处于险境，更不会失败；不了解敌人情况，只熟悉己方情况，打起仗来胜负各半，既可以打胜，也可以被打败的；既不了解敌方情况，又不熟悉己方的情况，而且每次作战都会处于险境，一定要吃败仗的。知己知彼，百战不殆——经营决策的座右铭。

## 狼性原则之五：团队精神

员工必须懂得，通过尊重、鼓励其他员工表现自我，整个集体定会变得强大而令人敬畏。这就是企业的团队精神。狼就是一种团队精神非常强大的动物。

然而在现在这个企业竞争非常激烈的社会中，不只是企业之间的竞争，也是人才的竞争，人才的竞争也就是智慧的竞争。而目前评价人才的三大标准是：人格、创造力、团队精神，这就是一个人智慧的突出体现，而最重要的就是你要有团队精神，才算是一个优秀的人才，企业间的竞争无非就是人才的竞争，但也是企业凝聚力的较量。其实，这归根结底又是以人为本的企业文化的竞争。不过企业中的顽强的团队精神才是企业获得巨大成功的基础条件。要把企业成千上万名员工凝聚起来，只靠金钱是不够的，企业必须具备共同的价值观、目标和信念。对共同价值的认同会使员工产生稳定的归属感，从而吸引和留住人才。事实证明，企业只有形成了优秀的企业文化，才能打造出一支战无不胜的员工队伍。企业文化要发挥应有的作用，需要企业内部形成上下一致的价值观。以人为本，注重人的素质提高，主要就是注重对人的价值理念的提升，更加关注个人才能的发挥。

可是企业的核心竞争力到底是什么？“企业的核心竞争力有五大特征：偷不去、买不来、拆不开、带不走和流不掉。”这是北京大学管理学院的一位教授的看法。而优秀的团队精神才是企业真正的核心竞争力。一个企业如果没有团队精神，将成为一盘散沙；一个民族如果没有团队精神，也将无所作为。然而企业只要有了团队精神，就一定能够产生整体大于部分之和的协作效应。同时，一个优秀的团队，也能够创造一种机制和组织氛围，使团队成员最大限度地发挥自己的潜力，产生以一当十的力量。

可是什么是团队精神，也有些人并不清楚。其实，团队精神是指一个组织具有的共同价值观和道德理念在企业文化上的反映。团队精神是企业的灵魂。一个群体不能形成团队，就是一盘散沙；一个团队没有共同的价值观，就不会有统一的意志和统一的行动，当然就不会有战斗力；一个企业没有灵魂，就不会具有生命的活力。

**团队精神：企业发展的精神支持**

团队精神表现为一种文化氛围、一种精神面貌，是一种看得见、感知得到的精神气息；企业的灵魂则是一种看不见、摸不着的神韵。一个二流的画家只能画出造型相似的物体，一流的画家则可挥洒神来之笔，赋予物体生命之魂。

一个好的企业，首先应是一个团队。一个团队要有鲜明的团队精神。一种积极向上、朝气蓬勃、洋溢着时代气息的企业精神，这对现代企业是十分重要的。

很多人都明白，商场如战场。在企业日益成为市场竞争主体的今天，企业的竞争力、战斗力决定着企业的生死存亡。一个企业如果有一个好的团队和良好的团队精神，它就会像冲锋的号角，激励员工勇往直前，奋力争先，不断战胜对手，取得竞争的胜利！

每个人都需要有一点精神，而企业也是需要精神的。团队共同的价值观就是一个企业的精神支柱。离开这个精神支柱，企业就是一潭死水、一具僵尸，就毫无活力可言、毫无竞争力可言。所以，从这个意义上说，团队精神乃是企业的精神支柱。

**团队精神是培养企业凝聚力的旗帜**

古人云：物以类聚，人以群分。培育企业的凝聚力，除了其他条件外，良好的团队精神就成为一面旗帜，它召唤着所有认同该企业团队精神的人，自愿聚集到这面旗帜下，为实现企业和个人的目标而奋斗。

一个人的世界观、价值观要靠多年的教育训练和生活实践的积累，才能逐步形成。打造团队精神更非一日之功。

企业领导班子特别是一把手的世界观、人生观、价值观、利益观、幸福观等，对于打造团队精神具有决定性的作用。企业总裁、总经理、企业领导班子有怎样的精神追求和价值取向，他们带领的团队就会有与之相似或相近的共同价值观，即团队精神。

把握时代脉搏，提炼时代精神，塑造具有时代特征的企业文化。现代人所处的时代是一个急剧变化、快速转型、由落后的农业国向先进的工业国转变的时代。企业家不仅要紧随时代的步伐前进，而且要走在时代的前列，站在历史的高度，把握时代脉搏，总结提炼当今时代中国人民在现代化建设中表现出来的巨大热情和良好的精神风貌，结合自己团队的特点，并准确预测未来的发展趋势，从点滴做起，精心塑造具有独特魅力的企业文化，从而形成自己的团队精神。

引导、发掘员工群体中的积极因素，采取纠正、培育、提升、弘扬等步骤，使之与企业的发展战略、发展目标趋于一致。不可否认，在很多企业的员工队伍中，主流的思想意识是好的、积极向上的。只要善于发掘和引导，并以足够的耐心和毅力加以培养，都可成为企业精神的组成部分。对于那些消极的、落后的思想意识，要坚决予以纠正！所谓风不正则心不齐。

现代企业从外延上可以分为大、中、小等多种类型，从内涵上则可分为四个档次。第一档：形成了团队；第二档：形成团队并具有科学的组织制度；第三档：塑造出团队精神；第四档：形成具有魅力的企业之魂，这是企业发展的最高境界。

团队精神是群体价值观的反映，属于企业文化的一部分。企业灵魂，则是隐含在企业机体之中的、难以用直觉观察到，但却又能使人感知到；既难以捕捉到，又难以用语言描述的，但却又光芒四射、能打动人心的一种内在魅力。它不仅仅是一种品牌、一句广告词、一件实物，更是外化为消费者的一种信赖感、安全感、满足感。消费者提到它，就有一种愉悦的心理感受、一种对其产品和企业形象的极大的心理认同。比如德国的奔驰、美国的麦当劳，还有波音、松下、壳牌等等。

不过，一个企业家要引领企业达到这般境界，那绝对不是一日之功、一年之功！也许正因为如此，才会显示它的无穷魅力和巨大的挑战性，诱使无数的企业家为之毕生奋斗！

因为狼的团结，所以它们的力量才会强大。在非洲草原上，即使狮子也不敢去惹豺狼，因为它们团结。而企业也是一样的，只要企业里的员工团结了，就不怕别的企业来打垮自己，是因为有了团结的力量和自信。